UN DOMAINE DANS LE NIVERNAIS

THÈSE AGRICOLE

SOUTENUE EN 1896

A L'INSTITUT AGRICOLE DE BEAUVAIS

DEVANT

Messieurs les Délégués de la Société des Agriculteurs de France

PAR

Henri BEAUCHET

Membre de la Société des Agriculteurs de France

« Un homme qui fait produire au blé
deux épis au lieu d'un, est plus grand
à mes yeux que tous les génies politi-
ques. »

NAPOLÉON Ier

NEVERS

IMP. CATH. L. CLOIX

9, Rue Ferdinand-Gambon, 9

1896

THÈSE AGRICOLE

PAR

Henri BEAUCHET

A mon Père

A ma Mère

A la mémoire de mon frère Paul

Décédé au Collège de Juilly

UN DOMAINE DANS LE NIVERNAIS

THÈSE AGRICOLE

SOUTENUE EN 1896

A L'INSTITUT AGRICOLE DE BEAUVAIS

DEVANT

Messieurs les Délégués de la Société des Agriculteurs de France

PAR

Henri BEAUCHET

Membre de la Société des Agriculteurs de France

> « Un homme qui fait produire au blé
> deux épis au lieu d'un, est plus grand
> à mes yeux que tous les génies politi-
> ques. »
>
> NAPOLÉON Ier

NEVERS

IMP. CATH. L. CLOIX

9, Rue Ferdinand-Gambon, 9

1896

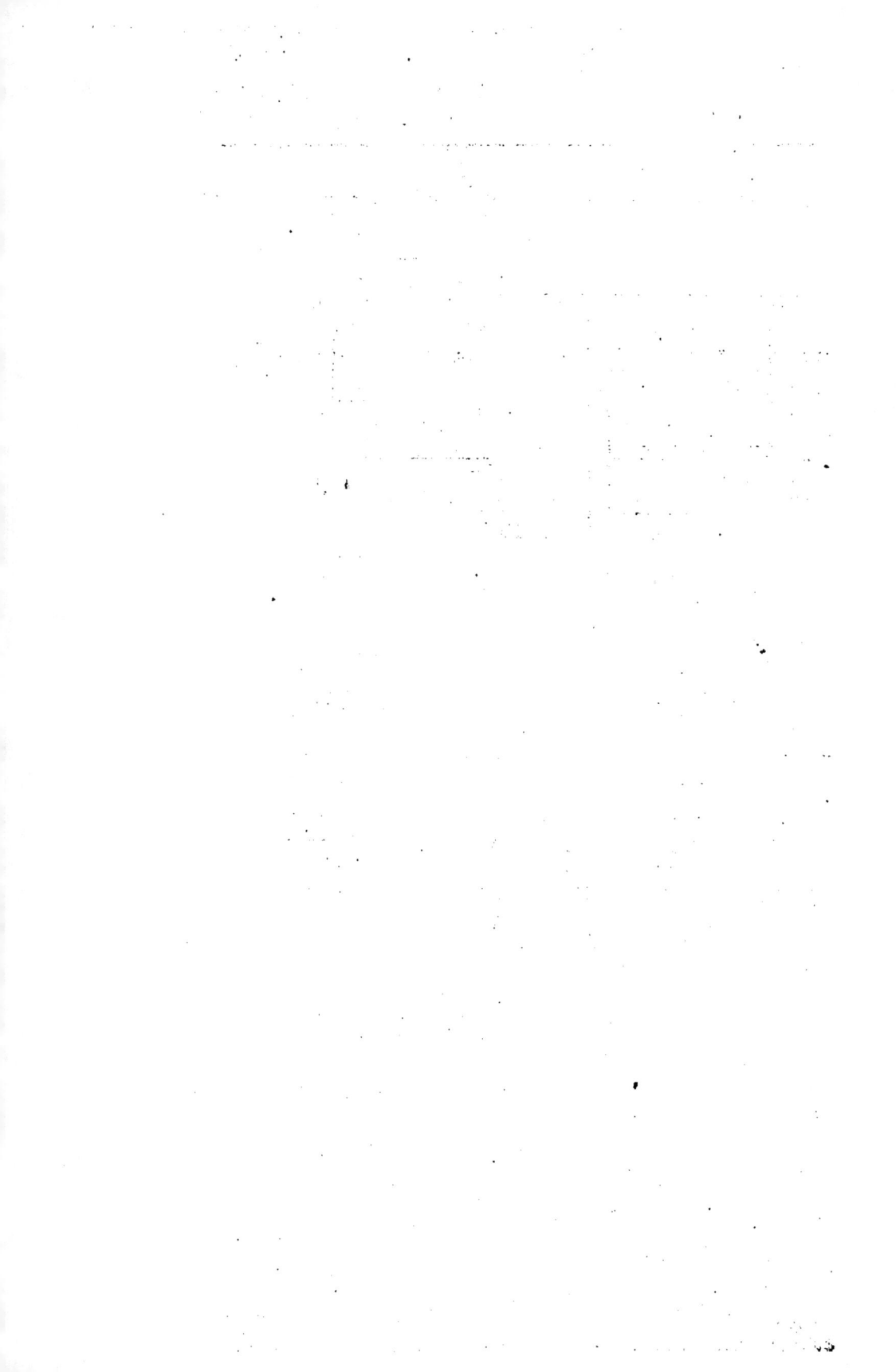

PLAN DES BATIMENTS
DE LA FERME DE L'ALLEMANDE

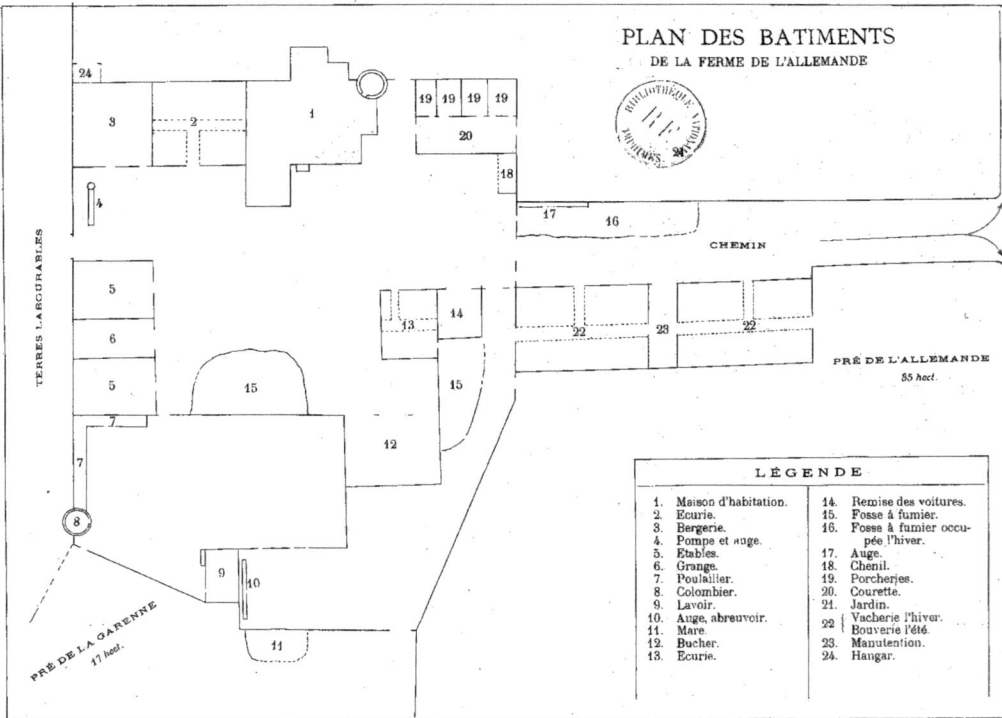

TERRES LABOURABLES

CHEMIN

PRÉ DE L'ALLEMANDE
55 hect.

PRÉ DE LA GARENNE
17 hect.

LÉGENDE

1. Maison d'habitation.	14. Remise des voitures.
2. Ecurie.	15. Fosse à fumier.
3. Bergerie.	16. Fosse à fumier occu-
4. Pompe et auge.	pée l'hiver.
5. Etables.	17. Auge.
6. Grange.	18. Chenil.
7. Poulailler.	19. Porcheries.
8. Colombier.	20. Courette.
9. Lavoir.	21. Jardin.
10. Auge, abreuvoir.	22. Vacherie l'hiver.
11. Mare.	Bouverie l'été.
12. Bucher.	23. Manutention.
13. Ecurie.	24. Hangar.

PRÉFACE

« Si je parvenais à susciter quelque bon
agriculteur de plus, je croirais avoir rendu
à mon pays un noble et utile service. »

DE FALLOUX

A l'heure où l'agriculture française subit une
crise des plus aiguës, lorsque tant de cultivateurs pauvres mais courageux, sont déçus
dans leurs légitimes prévisions ; quand, désespérés par
les longs insuccès de la veille, nos laboureurs infati-
gables, mais découragés, ignorent s'il y a encore quelque
espoir de salut ou s'il ne faut pas tout craindre du
lendemain, n'est-ce pas de ma part, jeune novice, une
témérité que de me lancer, sortant des bancs de l'école,
dans une voie aussi tourmentée ?

Poussé par je ne sais quel esprit vers cette carrière
depuis mon plus jeune âge, j'ai pensé que les jeunes
hommes sur qui Dieu a répandu plus libéralement ses
dons feraient œuvre patriotique et utile à leurs frères
moins heureux s'ils les aidaient, des connaissances
puisées par eux dans les Écoles, s'ils les soutenaient
surtout par leur présence dévouée au milieu d'eux, par
leurs exemples persuasifs et par une parole amie.

A l'œuvre donc, et sans défaillance : les souffrances
sont grandes, l'avenir incertain pour ceux qui embras-
sent la carrière agricole.

Courage quand même, et rendons de plus en plus vraie, la maxime de Sully :

Tout fleurit dans le pays où fleurit l'Agriculture.

Je remercie mes chers parents de m'avoir laissé prendre la carrière de mon choix ; j'ai l'ardent désir de la poursuivre en m'inspirant toujours des conseils, des exemples de l'Institut de Beauvais et de sa noble devise :

Cruce et Aratro

Ce travail est divisé en sept chapitres :

Le premier comprend : *Les Généralités sur le Nivernais*.

Le second : *L'Etude spéciale de la propriété*.

Le troisième : *L'Assolement et sa discussion, le Détail des cultures des plantes*.

Le quatrième : *Le Bétail et ses Produits*.

Le cinquième : *Les Engrais*.

Le sixième : *La Vigne, le Jardin, la Tuilerie et le Four à chaux, le Moulin*.

Le septième : *La Comptabilité de la Ferme*.

PROJET DE THÈSE

UNE FERME DANS LE NIVERNAIS

Vous êtes locataire du domaine de l'Allemande, situé dans le canton de Tannay (Nièvre).

L'exploitation comprend 406 hectares 50 ares, ainsi distribués :

Terres labourables	128 hect.	
Prairies naturelles	274	—
Verger et jardin	1	— 1/2
Vigne.	0	— 1/2
Cours et bâtiments	2	— 1/2

Le sol est argilo-calcaire et argilo-siliceux, le sous-sol se trouve argilo-siliceux.

Les bâtiments sont vastes et en bon état.

Une source et des cours d'eau vive traversent les prés.

Les routes sont bonnes et distribuent bien le domaine.

La gare de Tannay, ligne de Paris à Nevers, (viâ Laroche et Cercy-la-Tour), est à 2 kil. des prés et à 4 kil. des terres labourables.

Le prix de location revient à 87 fr. 25 c. l'hectare (1).

Ayant un capital suffisant, à quelles spéculations vous livrerez-vous, pour obtenir les meilleurs résultats financiers et en augmenter en même temps la fertilité du sol ?

Montrez, par une comptabilité sérieuse, les résultats obtenus pendant trois années consécutives.

---

(1) En réalité, nous louons l'hectare 95 fr. 30 ; mais, comme nous sous-louons un moulin avec machine à battre et 20 hect. de pré, pour une redevance de 5.250 fr., l'hectare ne nous revient donc plus qu'à 87 fr. 25, impôts compris.

CHAPITRE PREMIER

GÉNÉRALITÉS SUR LE NIVERNAIS

Situation, Limites, Superficie

Situation. — Le département de la Nièvre est situé dans la partie centrale de la France; il touche même au Cher, département qui occupe assez exactement le centre de notre pays.

La Nièvre offre la forme d'un trapèze irrégulier, qui a pour base le cours de l'Allier et de la Loire.

Il est traversé un peu à l'est de Nevers, à l'ouest de Clamecy et de Decize, par le 1º degré de longitude est du méridien de Paris (ce degré passe exactement à Prémery). Dans le sens contraire, c'est-à-dire de l'est à l'ouest et non plus du nord au sud, il est coupé à l'ouest et tout près de Nevers, à Saint-Benin-d'Azy, à l'est et tout à fait dans le voisinage de Moulins-Engilbert par le 47º degré de latitude septentrionale; il est donc situé un peu plus près du Pôle que de l'Equateur, que séparent 90 degrés ou un quart du cercle.

Limites. — Le département de la Nièvre est borné, au nord-ouest par le département du Loiret; au nord, par le département de l'Yonne ; au nord-est par le département de la Côte-d'Or ; à l'est et au sud-est par le département de Saône-et-Loire ; au sud et au sud-ouest par le département de l'Allier ; à l'ouest par celui du Cher. Ses limites sont généralement conventionnelles, c'est-à-dire tracées comme au hasard, sans souci des montagnes, des lignes de faite, des rivières, des ruisseaux, en un mot de tout accident naturel du sol.

Superficie. — La superficie du département de la Nièvre est de 688.700 hectares ; sous le rapport de l'étendue c'est le 27e département de France.

L'étendue du sol se divise ainsi :

Terres labourables. . .	348.088	hectares
Vignes.	11.388	—
Bois.	214.006	—
Prés	81.324	—
Pâturages et pacages . .	11.407	—
Terres incultes	4.407	—
Superficies bâties, voies de transport, etc. . .	18.080	—
Total. . .	688.700	

Climat, Météorologie

Bien que situé dans la zône essentiellement tempérée, le Nivernais ne jouit cependant d'un climat tempéré qu'à l'ouest, au nord-ouest, au centre et au sud-est. A l'est, dans le Morvan, la nature des roches granitiques ou porphyriques et surtout l'altitude du sol lui imposent le climat le plus excessif peut-être du bassin de la Seine ; et pourtant c'est la région la plus méridionale de tout le bassin.

Le climat d'un pays dépend principalement, en effet, de son élévation au-dessus du niveau de la mer et de la nature des roches qui le composent. Plus une contrée est élevée, plus le froid est vif, plus les changements de temps y sont brusques, excessifs, plus grand est l'écart de la température de l'hiver et celle de l'été, du jour et de la nuit. En outre, plus les roches y sont dures, imperméables, plus les étangs y sont nombreux et par conséquent, l'humidité y est fréquente et froide. On estime que la température du Morvan, cette terre de granit et de gneiss, est en moyenne de 3 à 4 degrés inférieure à celle des régions qu'on nomme, par opposition, le Bon-Pays ou Pays-Bas, à Clamecy, Cosne, La Charité, Saint-Pierre-le-Moûtier, Decize, localités où la température moyenne de l'année doit-être à peu près celle de Paris (10° 6 à 10° 7). Si toute l'eau qui tombe du ciel n'était pas absorbée par le sol et évaporée par le soleil, on compterait chaque année une hauteur de 54 centimètres, à Nevers ; de 80 centimètres, dans la plus grande partie du département, de 1 m. à 1 m. 40 centimètres dans le Haut-Morvan de 1 m. 57 centimètres au réservoir des Settons, l'un des lieux de la France où il pleut le plus.

La moyenne de la France étant de 770 millimètres, par conséquent le Nivernais, ou plutôt le Morvan, dépasse de beaucoup cette moyenne.

Population, Mœurs

Le Département de la Nièvre compte 343.581 habitants, soit 49 habitants par 100 hectares ou par kilomètre carré.

Presque tous les habitants de la Nièvre sont catholiques ; on n'y compte que 1.500 protestants et une cinquantaine d'Israélites.

Le Morvan est habité par une population appartenant au type celtique, portant l'*antique saga* et parlant un patois peu compréhensible aux gens de la plaine. Les ouvriers agricoles sont, presque tous, petits propriétaires; leur condition est bonne, ils gagnent d'honnêtes gages comme charretiers, manœuvres, ouvriers, filles de ferme. Leur nourriture a pour base le pain, dont la qualité s'est bien améliorée. Ils ne se livrent pas à l'alcoolisme, mais ils fréquentent volontiers les cabarets, trop nombreux, où se dissipe une grande partie des salaires. Leur logement s'est beaucoup et avantageusement modifié. Le vêtement est devenu moins simple et plus coûteux: en raison de sa mauvaise qualité, il ne dure pas et il faut souvent le renouveler : L'on a abandonné la fabrication campagnarde des draps et des toiles de fatigue.

Orographie, Hydrographie

1° FLEUVES ET RIVIÈRES, 2° ÉTANGS

Le département de la Nièvre a un territoire fort accidenté, qui doit sa grande diversité de sites, à la variété de ses roches, de ses collines et de ses montagnes.

Presque toutes les roches connues se trouvent dans la Nièvre ; granits, porphyres, gneiss, schistes, micachistes, grès, terrains houillers, lias, calcaires, oolithique, sables, calcaire et meulière de l'étage miocène des terrains tertiaires.

Dans la partie granitique, gneissique et schisteuse du territoire, se dressent les points culminants du départe-

PLAN DES BATIMENTS DE LA FERME DE CHASSY

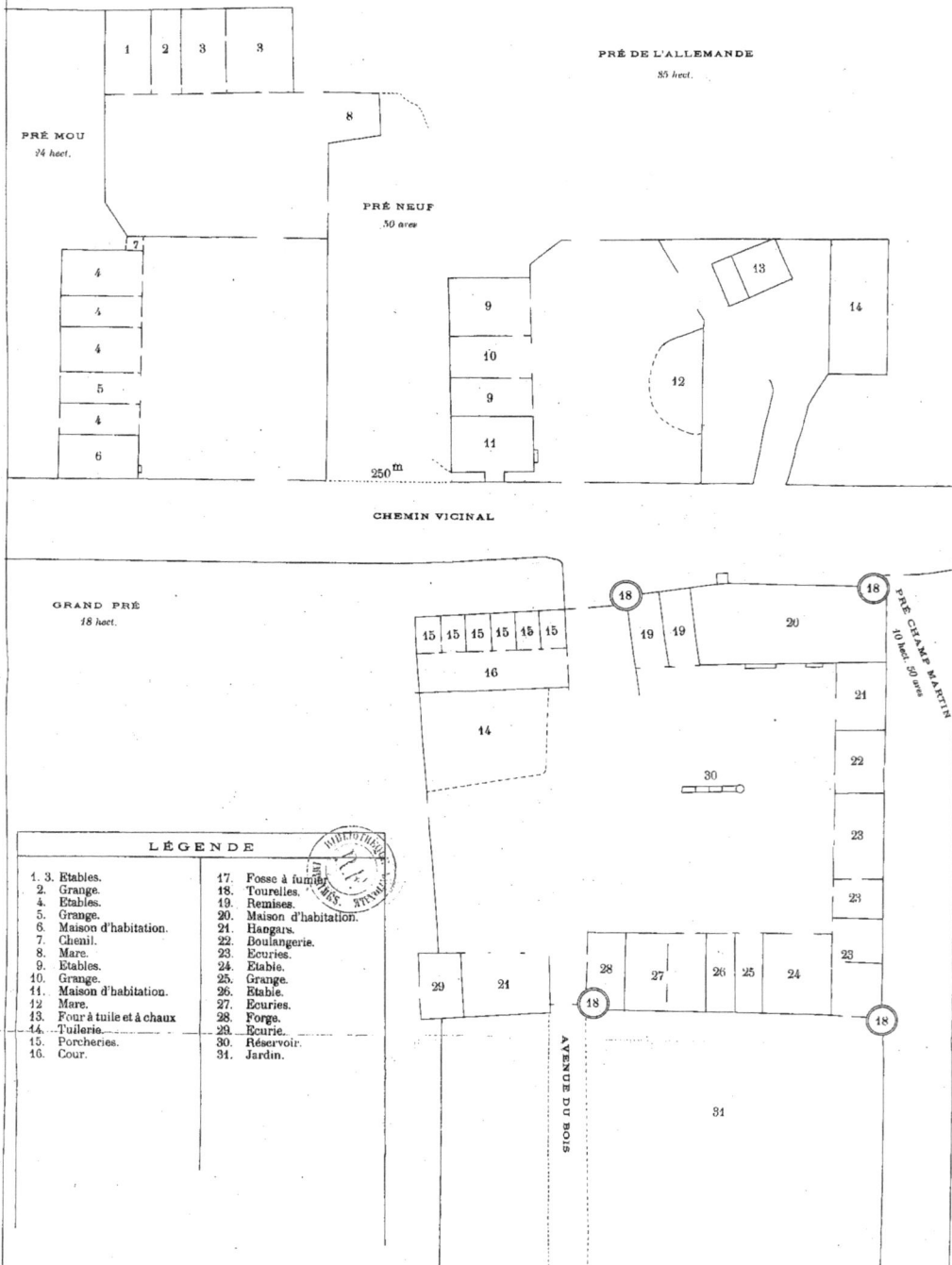

1 2 3 3

PRÉ DE L'ALLEMANDE
85 hect.

8

PRÉ MOU
14 hect.

PRÉ NEUF
50 ares

7

4

4

9

13

14

4

10

12

5

4

9

6

11

250 m

CHEMIN VICINAL

GRAND PRÉ
18 hect.

15 15 15 15 15 15

18

18

PRÉ CHAMP MARTIN
10 hect. 50 ares

16

19 19

20

14

21

30

22

23

LÉGENDE

1. 3.	Étables.	17.	Fosse à fumier.
2.	Grange.	18.	Tourelles.
4.	Étables.	19.	Remises.
5.	Grange.	20.	Maison d'habitation.
6.	Maison d'habitation.	21.	Hangars.
7.	Chenil.	22.	Boulangerie.
8.	Mare.	23.	Écuries.
9.	Étables.	24.	Étable.
10.	Grange.	25.	Grange.
11.	Maison d'habitation.	26.	Étable.
12.	Mare.	27.	Écuries.
13.	Four à tuile et à chaux	28.	Forge.
14.	Tuilerie.	29.	Écurie.
15.	Porcheries.	30.	Réservoir.
16.	Cour.	31.	Jardin.

23

28 27 26 25 24

23

29 21

18

18

AVENUE DU BOIS

31

ment, qui sont en même temps ceux du bassin de la Seine.

Qu'on les qualifie de hautes collines ou de petites montagnes, ces hauteurs font partie du massif appelé Morvan, nom qui est d'origine celtique et se trouve, presque sous la même forme, dans une montagne d'Écosse, pays encore aujourd'hui en partie celtique par la langue. Il se décompose en deux mots : *mor*, qui veut dire noir, et *van*, qui signifie montagne.

Le Morvan est une des régions de la France les plus intéressantes à visiter. La nature, en effet, semble s'être complue à y réunir, à l'exception des lacs et des glaciers, — et encore y trouve-t-on de nombreux et vastes étangs, — tout ce qui peut intéresser et charmer les touristes ; forêts immenses, fraîches et grandes prairies, eaux abondantes et pures, cascades écumantes, solitudes profondes, accidents de terrains d'une variété infinie, mœurs originales des habitants. La cime culminante du Morvan, le Mont-des-Bois-du-Roi (902 m.) se trouve sur la limite de la Saône-et-Loire et de la Nièvre. Le Preneley qui se dresse à 4 ou 5 kil., sud-ouest du précédent atteint 850 m. ; on en trouve encore un certain nombre d'autres supérieures à 800 m. Le Beuvray mérite d'être cité pour son antique renommée.

La Nièvre est sillonnée par de nombreux cours d'eau. Je me bornerai à une courte description de chacun d'eux.

La Loire entre dans le département à une altitude de 200 m. et en ressort à 135 m. après l'avoir traversé sur une longueur de 115 kil.; les affluents de la Loire sont : la Cressonne, l'Aron, la Nièvre.

L'Allier l'arrose sur un parcours de 40 kil.

L'Yonne, prend naissance au mont Preneley, à une

2

altitude de 220 m., son cours dans ce département est à peine de 100 kil.; il sort de la Nièvre avec 140 m. d'altitude, pour se jeter dans la Seine à Montereau, à 50 m. d'altitude; ses affluents sont : l'Oussière, la Collancelle, l'Arguison, l'Auxois, l'Armance, le Beuvron, le ruisseau d'Andryes, la Cure, le Cousin, etc.....

Les cours d'eau des deux bassins offrent une étendue totale pour le département de 1032 kil.

Les principaux étangs de la Nièvre sont :

Le Réservoir des Settons, terminé en 1861, ayant une superficie de 403 hect., une contenance de 23.000.000 mc. et placé à une altitude de 580 m.

Les étangs de Vaux, Neuf, Gouffier, Baye, etc..., etc...

Le Nivernais est de plus, traversé par deux canaux : celui du Nivernais et le canal latéral à la Loire, formant une étendue totale, pour le département, de 185 kil.

Géologie

Le Nivernais a un sol des plus variés; voici du reste sa composition géologique.

Étages sédimentaires. — Les dépôts meubles sur les pentes n'ont d'importance que sur le pourtour des sommets du Morvan, couronnés par des lambeaux de lias silicifié.

Les alluvions modernes très réduites et de nature argilo-sableuse dans les vallées tortueuses et généralement resserrées du Morvan, se développent davantage sur les deux bordures jurassiques où elles deviennent limoneuses; quant au bas-pays, les alluvions modernes très développées dans le Val de la Loire où elles sont sableuses, sont plutôt argileuses dans les autres vallées; un tuf calcaire en forme la base dans la vallée du Nohain.

Les alluvions anciennes, peu développées dans le Morvan, sont représentées par des dépôts de sables et de galets, très morcelés, qui témoignent d'eaux torrentielles portées à un niveau de 15 à 20 mètres au-dessus de celui qu'atteignent dans les grandes crues les rivières actuelles. Elles ne prennent d'importance que dans les vallées du Trait et du Vernon.

Les alluvions anciennes, dans le bas-pays, ont une certaine élévation, aux environs de Cosne; on a considéré comme leur appartenant des dépôts de sables et graviers roulés, contenant des fragments assez nombreux de roches anciennes, des roches volcaniques, et différant notablement comme aspect des sables accumulés en dépôts isolés, irréguliers. Le plus considérable, aux environs d'Etais montre 10 mètres de sable quartzeux, fin et bien stratifié; d'autres lambeaux sont formés de sables plus grossiers et kaoliniques.

Faune

Les chevaux appartenant à l'ancienne race nivernaise sont peu nombreux; on n'en rencontre plus guère aujourd'hui, les races dominantes sont la percheronne et la nivernaise, mais cette dernière due à un croisement s'est bien fixée dans ces dernières années.

Les bovidés appartiennent aux races nivernaise-charolaise; on rencontre des croisements durham.

La population ovine très importante appartient à la section des Boischaud, subdivision de l'espèce berrichonne. Certains cultivateurs la croisent avec le dishley.

L'espèce porcine est représentée par des sujets craonnais.

Voici une statistique approximative du nombre de têtes de chaque espèce animale dans le département de la Nièvre :

Chevaux	25.125
Bœufs, vaches	195.696
Moutons	154.122
Porcs	77.597

Les basses-cours sont peuplées de poules, de pigeons, pintades, oies, dindes, etc... de différentes races. Dans la plaine, on rencontre une assez grande quantité de lièvres, perdrix, cailles ; toutes les chasses des grandes propriétés sont réservées ; le lapin abonde dans les bois et le faisan s'y multiplie avec succès.

Les sangliers, loups, renards, n'existent qu'en petit nombre.

Les chevreuils, les cerfs vivent en assez grand nombre dans les vastes forêts.

Les oiseaux dignes d'êtres mentionnés sont : les buses, éperviers, corbeaux, pies, émouchets, plutôt nuisibles qu'utiles ; les geais, pigeons ramiers, sansonnets, grives et différents oiseaux, plus ou moins nuisibles à l'agriculture.

Les étangs et cours d'eau nourrissent nombre de poissons appartenant aux genres : brochet, barbillon, tanche, perche, carpe, anguille, saumon, gardon, goujon, en assez grande quantité.

Beaucoup de ruisseaux donnent des truites et des écrevisses.

Les insectes mellifères qui occupent 17.170 ruches

fournissent annuellement 50.936 kilog. de miel et 20.304 kil. de cire.

Flore

1º SYLVICULTURE, 2º VITICULTURE, 3º PLANTES AGRICOLES
4º PLANTES SAUVAGES, 5º ARBORICULTURE

Une grande fertilité naturelle fait par excellence de la Nièvre une terre à pâturages.

1º *Sylviculture*. — L'étendue en bois du département est de 214.076 hectares, comprenant 14.761 hectares appartenant à l'Etat.

Les essences principales qui les composent sont :

Les chênes rouvres, blancs et noirs qui sont les essences dominantes ; puis nous trouvons l'orme, le charme, le frêne, le châtaignier, l'érable, le bouleau, l'acacia, le tremble ; ainsi que les essences de second ordre, telles sont : les épines blanches et noires, les noisetiers, les saules, les ajoncs, les genévriers et les hautes bruyères.

Les grandes routes sont bordées de tilleuls, platanes, acacias ; celles de petite communication sont quelquefois bordées d'arbres fruitiers, poiriers, pruniers, noyers.

Les pêchers, les abricotiers, les cerisiers et les pruniers de plein vent se trouvent dans les vignes, les noyers dans les champs. Le peuplier et l'orme croissent le long des cours d'eau.

2º *Viticulture*. — La vigne occupe une superficie de 11.388 hectares, rapportant en moyenne annuelle 136.659 hectolitres. Les meilleurs crus sont ceux de Pouilly, Tannay, Saint-Quentin.

3º *Plantes agricoles*. — Sous ce nom on distingue : le

froment, l'avoine, l'orge, le seigle, le sarrazin, les choux, les betteraves, le chanvre, le maïs, la pomme de terre, la carotte, etc..... qui sont cultivés dans le département et donnent des produits très variables et plus ou moins lucratifs.

4º *Plantes sauvages.* — Les plantes sauvages qui poussent spontanément sont très nombreuses et envahissent les cultures et les bois. Les plus répandues sont : les lierres terrestres, les orties, renoncules, colchiques, la consoude, les primevères, le paturin, la sanve, le black, etc..... etc.....

6º *Arboriculture.* — Nous rencontrons toutes les essences d'arbres fruitiers cultivés dans les pays tempérés. Les principaux sont :

le noyer donnant . .	4.392 quintaux de noix,
le pommier donnant .	1.503 quintaux de pommes,
produisant	11.212 hectolitres de cidre ;
le prunier	5.602 quintaux de prunes,
le châtaignier . . .	426 quintaux, etc... etc...

Industrie

Parmi les industries de la région nous devons citer, en premier lieu, les industries minérales. Elles exploitent les granits, porphyres, arkoses, et des variétés de pierres à bâtir extrêmement dures. Les fours à chaux sont nombreux ; l'on en rencontre également plusieurs à ciment. Puis viennent les faïenceries de Nevers, ainsi que nombre de tuileries.

Parmi les richesses gratuites du sol il faut encore citer les eaux minérales de Pougues, Saint-Honoré-les-Bains, Fourchambault et Saint-Parize-le-Châtel.

L'industrie de la minoterie est représentée par un nombre considérable de moulins.

On peut encore voir des brasseries, papeteries, scieries mécaniques, fonderies.

On fabrique des produits chimiques à Nevers, Prémery, Clamecy, aux Grands-Moulins (commune de Mouron.)

On rencontre des tanneries et des mégisseries à Nevers, Cosne, Clamecy, Varzy, Decize, Corbigny, etc.....

Agriculture et Mode de Culture

Le département de la Nièvre possède 343.581 habitants, dont 186.931 vivant de l'agriculture, soit donc une proportion de 59,9 par 100 habitants.

L'agriculture nivernaise est parvenue, avec ses nombreuses voies de communication à écouler facilement les produits de son sol. D'excellentes prairies naturelles ont été créées ; une grande extension a été donnée à la culture des prairies artificielles ; l'emploi d'instruments aratoires plus perfectionnés et des amendements calcaires, dans certains endroits, a fait abandonner le vieux et ruineux système triennal : blé, orge ou avoine, et jachère, pour entrer largement dans la période de la culture pacagère. Celle-ci, non-seulement a augmenté ses produits en céréales, mais lui a donné la possibilité d'élever, d'améliorer et de multiplier beaucoup un bon et beau bétail à cornes, comme aussi de se livrer avec succès et avec profit à l'engraissement de la terre.—Les améliorations agricoles sont continuées ; un assez grand nombre d'agriculteurs progressistes s'engagent résolument dans la voie du progrès réel en s'adonnant à la pratique de la

culture alterne. Il y a donc lieu de l'espérer, ce perfection-
nement cultural permettra aux cultivateurs de soumettre
le bétail à une alimentation variée, succulente et constamment abondante, dans toutes les saisons de l'année.
Ainsi l'éducation du gros bétail fera encore de rapides
progrès.

Le Nivernais a subi une transformation culturale qui
a fait la fortune des fermiers et des propriétaires. — On
a joint à la race nivernaise les meilleurs types de
la race charolaise, et sur des terres analogues et de même
origine géologique on a constitué des prés d'embauche
plus beaux, plus étendus et plus productifs que ceux du
Charolais. Les plus fertiles se distinguent à l'abondance
du trèfle blanc et à un bon choix de graminées comprenant les pâturins, la fléole, la fétuque, le vulpin, l'avoine
élevée, le ray-grass vivace. On y engraisse facilement
deux bœufs par hectare, ou par hectare et demi, selon les
contrées. Ces magnifiques prés d'embauche d'une étendue dépassant quelquefois vingt-cinq et même trente
hectares suffisent par eux-mêmes, en donnant lieu au
système le plus simple et le plus avantageux, qui consiste
à couvrir le pré de bétail maigre au printemps et de le
livrer ensuite à la boucherie au fur et à mesure qu'il est
parvenu à un bon état d'engraissement. L'herbager n'a
d'autres soucis que ceux de bien acheter, de surveiller
convenablement ses animaux dans l'herbage et de les
bien vendre. C'est la culture réduite à sa plus simple
expression, sans bâtiments, sans matériel agricole, sans
attelages et aussi sans domestiques. Les prés d'embauche du Nivernais étaient autrefois et pour la plupart de
pauvres fermes à céréales ; l'abandon de la culture pour
la pâture a été dans le pays un élément puissant de progrès et de prospérité. Dans chaque pré l'on met presque

toujours quelques chevaux, juste ce qu'il en faut pour brouter les rebuts des bœufs et pour nettoyer les herbages.

Voies de Communication

Le département de la Nièvre est assez bien percé ; il est traversé par 9 chemins de fer ayant un développement total de. . . . . 484 kilomètres

Routes nationales . . . . . . 475 —

Chemins vicinaux de grande communication.. . . . . 1.459 —

Chemins vicinaux d'intérêt commun . . . . 1.265 —

Chemins vicinaux ordinaires . . 3.393 —

3 rivières navigables, (la Loire, l'Yonne, l'Allier) . . . . . 174 —

2 canaux. . . . . 185 —

Soit un total de 7.435 kilomètres

Je dois ajouter qu'il existe beaucoup de chemins de desserte ou d'intérêt privé qui n'entrent pas dans ce calcul.

Débouchés

Le Nivernais trouve facilement l'écoulement de ses nombreux et divers produits. Les agriculteurs et les éleveurs vendent leurs bœufs gras principalement pour les abattoirs de Paris. Quant aux bœufs de travail, ils sont plus particulièrement expédiés dans les départements de Seine-et-Marne, Seine-et-Oise, Aisne, etc. Les chevaux sont exportés assez généralement dans la région nord ; la remonte en achète beaucoup, ainsi que les marchands étrangers. Des foires et marchés très nombreux et très courus permettent l'écoulement rapide et facile des animaux et des denrées.

CHAPITRE II

ÉTUDE SPÉCIALE DE LA PROPRIÉTÉ

Origine, Situation, Description

Origine. — Le Domaine de l'Allemande[1], commune de Vignol (Nièvre), appartenant autrefois à M. de Pontcarré, et actuellement à M de Nicolaï, marquis de Bercy, était affermé, tout d'abord, à huit ou dix fermiers malheureux, moyennant la somme de 8.000 francs par an. — En 1829, M. Adam afferma ce beau domaine pour 16.000 fr. plus 500 fr. d'augmentation tous les trois ans, et pour une période de douze années. Ce cultivateur fort intelligent et très laborieux qui avait tout à créer pour arriver au système pastoral complet, consistant en herbages, terres et vignes, renouvela son bail, en 1841, pour 24 années, moyennant

_____

(1) Autrefois, le Domaine portait le nom exclusif de Chassy, l'exploitant habitant alors le Château de Chassy. — Par suite du changement de résidence de cet exploitant, ce Domaine est plus communément appelé aujourd'hui, Domaine de l'Allemande, du nom de la ferme servant de résidence.

18.000 fr. par an et 500 fr. d'augmentation progressive
de 3 ans en 3 ans. Or, par le fait seul de cette première
période d'une agriculture rationnelle, le propriétaire,
sans bourse délier, et sans toucher au manche de la
charrue, a donc vu, en un tiers de siècle à peu près, un
revenu de 8.000 fr. porté à 22.000 fr., c'est-à-dire sa fortune presque triplée.

Aujourd'hui, après avoir passé entre les mains de
cultivateurs intelligents, MM. Robin père et fils, ce
domaine est affermé à M. Michel, agriculteur distingué,
qui le gère parfaitement bien et paie annuellement au
propriétaire 38.500 fr. de fermage.

Situation. — Le beau domaine de l'Allemande se
trouve placé dans la partie nord-est du Nivernais. Il se
trouve à 76 kilomètres nord-est de Nevers, à 20 kilo·
mètres nord-ouest de Clamecy, à 6 kilomètres de Tannay,
chef-lieu du canton, et à 4 kilomètres de la station du
chemin de fer et du port du Canal du Nivernais.

Il est assis agréablement sur le penchant d'une
colline, qui forme la séparation des premières lignes du
Morvan, d'avec le pays-bas, à une altitude de 258 mètres.

La ferme de l'Allemande elle-même est placée presque
au haut du plateau, à 100 mètres d'un chemin vicinal, et
à 900 mètres de la grande route n° 19, allant de Tannay
à Vézelay (Yonne).

La ferme de Chassy se trouve assise sur un chemin
vicinal et à 600 mètres de la grande route n° 19. En face
le château de Chassy, à 200 mètres plus bas, sur le chemin vicinal se trouvent d'autres bâtiments occupés par les
animaux, l'hiver seulement.

Les deux fermes de l'Allemande et de Chassy à la distance d'un kilomètre l'une de l'autre sont desservies par
un bon chemin rural.

Le Domaine comprend en outre un moulin à eau situé sur la rivière d'Yonne. Ce moulin est entouré de terres et de prés et il fait l'objet d'une sous-location dont nous nous occuperons plus loin, au cours de notre travail.

Description. — Point de luxe, mais beaucoup de solidité et une très grande commodité; telle est l'idée qui a présidé à la construction des bâtiments des fermes. En général, les étables, bâties il y a fort longtemps, laissent peut-être à désirer au point de vue de l'élévation des planchers; mais il est à remarquer que les animaux n'y sont placés que pendant les trois mois les plus froids de l'année. Les écuries sont vastes et leurs planchers suffisamment élevés.

La vacherie se compose d'une grande étable longitudinale double, où les animaux sont placés tête au mur; elle est longue de 40 mètres, large de 11, et le plancher est à 3m 60 du sol; au milieu et dans toute la longueur, il existe un couloir large de 2m 20. En hiver, elle est habitée par les vaches à veau, et en été par les bœufs de travail.

Mode d'Exploitation

Il importe, avant d'adopter un mode de culture déterminé, d'examiner quelles sont les principaux modes d'exploitation.

Nous avons en France quatre systèmes généraux de culture :

1o La culture par le propriétaire,
2o La culture par maîtres-valets,
3o La culture par fermiers,

4º La culture par métayers.

Nous dirons tout d'abord, d'une manière générale, que chaque système, bien entendu, bien administré, est bon ; tous ont leurs avantages et leurs inconvénients.

La culture par le propriétaire est certainement, et tout le monde est d'accord sur ce point, la plus fructueuse et a l'avantage fort précieux, à bien des points de vue sociaux, d'attacher davantage le propriétaire terrien à son fonds.

Ensuite, et malgré certaines contradictions préférant le métayage, je placerai, à juste titre, je crois, la culture par fermier à long bail. En effet, n'y a-t-il pas avantage, pour les deux parties, non seulement à entretenir, mais même à augmenter la fertilité du sol ? Le fermier qui a un long bail peut entreprendre des améliorations dont il aura le temps de profiter et qui, tout en augmentant la valeur du fonds, ne coûteront ni peine ni argent au propriétaire.

A mon humble avis, je crois fermement qu'il est préférable, pour un homme sérieux, laborieux et intelligent, s'il ne peut être propriétaire, de devenir fermier à long bail. Il lui sera permis d'obtenir ainsi la juste rémunération de ses soins et de son travail et de rentrer avantageusement et au bout de quelques années dans les capitaux qu'il aura engagés dans son exploitation.

CHAPITRE III

DE L'ASSOLEMENT

L'assolement, qui consiste dans la succession intelligente des différentes plantes sur les terres d'un domaine, s'impose pour tout cultivateur désireux de conserver et même d'augmenter la fécondité de son sol, tout en cherchant à en retirer de légitimes bénéfices.

De l'assolement dépend, pour ainsi dire, le succès d'une entreprise agricole, car c'est par un assolement bien ordonné et approprié au terrain qu'on arrive à produire les plantes nécessaires aux diverses spéculations que l'on a en vue.

Jusqu'ici, l'assolement suivi était à peu près le suivant :

1º Blé,

2º Avoine ou orge,

3º Plantes sarclées.

Il avait l'inconvénient de faire revenir trop souvent les mêmes plantes sur le même terrain, et, par ce fait même, de l'épuiser considérablement, surtout si l'on considère que l'on employait, comme unique engrais, le fumier de ferme, et encore son emploi était-il parfois très défectueux.

Nous nous sommes donc efforcé de composer un assolement qui supprime ces inconvénients et qui facilite les spéculations que nous nous proposons de réaliser.

Nos spéculations, en effet, consistent dans l'élevage et l'engraissement du bétail ; aussi avons-nous cherché avant tout, à produire des nourritures susceptibles d'être consommées en été et qui, conservées, serviront à entretenir, pendant l'hiver, un nombreux bétail, lequel donnera une quantité de fumier suffisante pour fournir l'engrais nécessaire aux cultures subséquentes.

C'est un assolement quatriennal, qui nous donnera 30 hectares par sole, car les 8 hectares restants seront occupés par une luzerne qui subsistera pendant plusieurs années et qui, par conséquent, ne peut entrer dans l'assolement général.

Assolement

1re sole fumée.
- Betteraves sucrières . 19 hect.
- Id. fourragères. 4 — 1/2
- Pommes de terre . . 3 —
- Carottes . . . . 3 — 1/2
} 30 hect.

2e sole. — Blé avec trèfle au hersage de mars.   30 —

3e sole. — Trèfle . . . .   30 —

4e sole
- Avoine (dont 2 hect. avec luzerne. 27 h.
- Orge . . . . 3 h.
} 30 —

Hors Sole

Nous avons en plus 8 hectares de luzerne qui resteront
4 ans sur le terrain, 2 hectares de luzerne seront semés
chaque année dans l'avoine et 2 autres seront retournés
à l'automne et rentreront dans l'assolement de la première sole.

Discussion de l'Assolement

Douées d'une bonne fertilité, nos terres nous permettent facilement d'entreprendre la culture des diverses
plantes formant notre assolement. Le fumier combiné
avec l'emploi des engrais minéraux nous fait espérer le
succès. Nous suivons encore cet assolement parce qu'il
répond à nos besoins. Nous le croyons bien combiné à
un triple point de vue : Il conserve et améliore le sol, il
fournit le fourrage nécessaire à notre nombreux bétail,
et il produit des fumiers en quantité suffisante.

Par ses prairies artificielles, il nous fournit les foins,
et, par ses céréales, les pailles nécessaires pour faire
passer convenablement l'hiver à nos animaux.

En entrant plus avant dans l'étude de cet assolement,
nous voyons les plantes sarclées, la première année, avec
une fumure de 20.000 kilog. Elles sont l'objet de travaux
sérieux qui mettent la terre dans un état de propreté
parfait.

La céréale qui vient ensuite peut encore utiliser au
moins 10.000 kilog. de fumier laissés par les plantes
sarclées; de plus elle reçoit des engrais minéraux com-
pensateurs.

3

Le trèfle prend la majeure partie de son azote dans l'air et puise surtout ses principes nutritifs dans le sous-sol.

Enfin, les céréales venant ensuite trouveront assez de matières fertilisantes dans les débris délaissés par le trèfle et dans l'apport des engrais minéraux.

La luzerne vient très bien dans ce terrain surtout quand on a le soin de lui fournir la chaux qu'elle trouve en faible quantité, sur certains point du domaine.

Par cette combinaison les plantes nettoyantes ou étouffantes succèderont aux salissantes, celles à racines pivotantes aux plantes à racines traçantes; enfin, nous pouvons l'ajouter, aucune de ces plantes n'est épuisante, puisque toutes sont consommées dans la ferme, soit en partie, soit en totalité.

DÉTAIL DES PLANTES DE L'ASSOLEMENT

PREMIÈRE SOLE

BETTERAVES SUCRIÈRES . . *19 hectares*
BETTERAVES FOURRAGÈRES . *4 — 1/2*

Dans les conditions où nous nous trouvons, nous cultiverons les betteraves sucrières et les betteraves fourragères; ces dernières serviront d'aliment aux animaux. Dans toute culture la première condition pour obtenir de bonnes récoltes, c'est d'avoir de bonnes graines, provenant de variétés réputées dans la contrée.

Nous achèterons donc nos graines à l'usine, qui se met à la disposition de tous les cultivateurs pour les leur livrer avec garantie; elles réussissent d'autant mieux qu'elles proviennent de variétés bien acclimatées. D'ailleurs, la sucrerie a tout intérêt à en fournir de bonnes.

Passons en revue les différentes cultures.

Aussitôt que nous le pourrons, avant l'hiver, le fumier sera conduit sur les terres destinées aux cultures sarclées et répandu le plus tôt possible. Il sera enfoui par un labour profond de 25 à 30 centimètres.

Cet engrais principal aura reçu tous les soins convenables pour être de très bonne qualité et profiter le plus activement possible aux plantes. Cependant, si dans ce fumier il s'en trouvait une partie moins bien consommée plus pailleuse, elle serait appliquée aux betteraves fourragères.

Une dose de 20.000 kilog. de fumier sera suffisante, avec quelques engrais minéraux ajoutés soit au début, soit dans le cours de la végétation. Nous emploierons en deux fois un mélange de 300 kilog. de superphosphate et de 150 kilog. de nitrate de soude pour les betteraves sucrières. Pour les betteraves fourragères destinées à l'alimentation des animaux et devant contenir plus de matières azotées, nous mettrons 200 kilog. de nitrate et 250 kilog. de superphosphate. Ces quantités seront semées, autant que possible, en deux fois ; les deux tiers au départ de la végétation, c'est-à-dire aussitôt après le semis, et l'autre tiers, au démariage, époque où les jeunes racines plus ou moins mutilées ont besoin de force pour reprendre le dessus.

La terre destinée à recevoir la graine recevra un labour moyen avant l'ensemencement ; nous le ferons suivre de deux hersages en travers. Un fort roulage intercalé entre les deux hersages sera complété par un second précédant le semis. Ces différentes opérations prépareront la terre et conserveront la fraîcheur, condition essentielle pour la bonne levée des graines.

Le semis sera fait dans le commencement d'avril, aussitôt que le temps le rendra possible ; 20 kilog à l'hectare suffiront. Nous sèmerons en lignes espacées de 40 centimètres lorsque les betteraves le seront entre elles de 0.30 sur la ligne.

Aussitôt la levée de la betterave un premier binage sera pratiqué à la main ; puis on procèdera au démariage le plus tôt possible; cette opération, très minutieuse, sera accompagnéed'un binage entre les lignes. Alors, on appliquera l'engrais réservé, puis un troisième binage servira à enfouir et à rehausser les jeunes plantes.

Vers la fin de Juin, ou commencement de Juillet, un dernier binage à la houe sera encore donné ; cependant, si la végétation des mauvaises plantes venait à être favorisée par la pluie ou par toute autre cause, on ne manquerait pas d'en donner un autre.

L'arrachage se fera au commencement d'octobre lorsque les feuilles commenceront à jaunir.

Cette opération sera faite à la fourche à deux dents ; les racines placées en rang seront décolletées et mises en tas, puis recouvertes de feuilles immédiatement ; elles seront ensuite transportées sans retard à la gare ou au bateau, afin d'avoir les terres libres pour l'ensemencement du blé composant la 2me sole de la rotation.

Car, d'après Caton : « En agriculture, les choses, sont telles que si tu fais tard un seul ouvrage, tu te mets en retard pour le tout. »

Les betteraves fourragères seront semées dans les mêmes conditions que les sucrières, mais, seulement, avec 15 kilogr. de semence; elles recevront les mêmes soins et l'arrachage en sera fait à la maturité.

Nous cultiverons de préférence la Jaune ovoïde des Barres, la Globe jaune, betteraves cultivées depuis longtemps dans la contrée et ayant donné de forts rendements. Nous les conserverons dans un bâtiment où seront placés les appareils de manutention, ou dans un silo à proximité de la ferme. Ce silo devra avoir une profondeur de 1m à 1m 25, et à chaque 3 mètres d'intervalle, des cheminées de fagots partiront du fond de la fosse où elles seront en communication avec un fossé profond de 0.15, ayant la largeur d'un fer de bêche, rempli de brindilles et accédant au dehors. En hiver, si la gelée est forte et persistante, on placera un peu de fumier au sommet de chaque cheminée.

Nous espérons avoir un rendement de 30 à 35.000 kilogrammes à l'hectare pour les betteraves sucrières avec une densité dépassant, 7o 5 ; elles seront vendues aux 1.000 kilogr., et à 7o de densité, avec augmentation du prix par dixième de densité.

Pour les betteraves fourragères nous comptons obtenir un rendement de 40 à 50.000 kilogr. à l'hectare.

Les feuilles qui restent sur la terre constituent encore une source de nourritures ; mais, d'autre part, nous savons qu'elles sont très bonnes comme engrais ; nous nous bornerons donc, avant de les enfouir, d'y faire passer le troupeau de moutons.

Malgré la crise sucrière qui sévit depuis plusieurs années, c'est avec avantage que nous cultivons cette racine, grâce à la forte densité que nous obtenons ; mais, si dans l'avenir, la betterave sucrière cessait d'être une culture lucrative, comme nous ne connaissons aucune plante qui puisse la remplacer, nous changerions notre assolement et nous le ferions alors exclusivement au profit de notre élevage et en vue de l'engraissement.

Nous pourrions alors entreprendre la pouture puisque nous nous mettrions à même de pouvoir dis-

· poser de nourritures beaucoup plus importantes. Dans cette hypothèse, l'assolement suivi serait celui de 9 ans.

La première sole comprendrait les plantes sarclées et recevrait 60.000 kilogr. de fumier.

La 2me et la 3me, des céréales.

Les 4me, 5me, 6me et 7me, une prairie artificielle.

La 8me, une céréale recevant 15.000 kilogr. de fumier.

Enfin, la 9me, une céréale.

POMMES DE TERRE (*3 hectares*)

Nous cultiverons la pomme de terre pour plusieurs raisons ; d'abord, pour subvenir aux besoins du personnel de la ferme, puis, pour la nourriture des porcs et des volailles. Le surplus sera vendu.

La terre recevra un labour profond avant ou pendant l'hiver, avec une fumure de 20.000 kilog. à l'hectare.

Au printemps, aussitôt que le temps le permettra, nous donnerons un scarifage suivi d'un hersage, puis un deuxième labour moyen sera donné de façon à ne pas retourner la terre et déterrer le fumier immédiatement avant la plantation. On emploiera 25 hectolitres de semence à l'hectare. La largeur d'une raie étant de 30 centimètres, toutes les deux raies seulement, on plantera les pommes de terre à 9 ou 10 centimètres de profondeur, et à une distance de 0m40 à 50 centimètres entre elles, sur les lignes. La plantation étant terminée en Avril, on hersera et on donnera un roulage afin d'écraser les mottes et de conserver à la terre sa fraîcheur.

Au début de la levée, un nouveau hersage sera donné pour aérer le sol, activer la végétation de la plante et enterrer un mélange de 50 kilog. de chlorure de potassium et de 100 kilog. de superphosphate.

Un binage donné 15 jours plus tard détruira les mauvaises herbes et viendra ameublir le sol. Une quinzaine de jours après on procèdera au buttage. On le pratiquera assez tôt afin de ne pas gêner la formation des tubercules, mais au contraire pour favoriser leur multiplication et leur développement.

L'arrachage aura lieu aussitôt la maturité arrivée, on reconnaît que la pomme de terre est mûre lorsqu'en la frappant avec le dessus des doigts la petite pellicule du tubercule ne s'enlève pas.

Les tubercules épandus sur le sol seront réunis dans la journée et le soir ils seront ramassés et transportés dans le bâtiment destiné à les recevoir. Là, on aura soin de les placer en tas peu épais, afin d'éviter toute fermentation et faciliter le séchage parfait. Au ramassage, les pommes de terre plantées par variétés séparées seront, de nouveau, divisées; chaque variété comprendra les grosses, les moyennes et les petites.

Les plus belles des variétés potagères seront gardées pour la consommation ménagère; les tubercules moyens seront conservés et destinés pour la plantation.

Nous choisirons parmi les hâtives, l'Early rose et la Hollandaise; comme tardives la Chardon régénérée, variétés déjà cultivées à la ferme, et l'Institut de Beauvais, comme demi-hâtives. Nous comptons obtenir un rendement de 15 à 20.000 kilog. à l'hectare.

Si toutefois, dans les terres qui entreront dans cette sole, il s'en trouvait de plus légères que d'autres, elles devraient avoir la préférence pour la culture de cette plante.

CAROTTES (*3 hectares 1/2*)

Les carottes se trouvent dans la même sole que les betteraves et leur mode de culture diffère peu de celle-ci.

Les terres qui les porteront devront recevoir la même préparation, soit un déchaumage, un labour d'hiver avec fumure de 20.000 kilogr., un léger labour de printemps, des hersages et roulages. Comme engrais minéraux, 200 kilogr. de nitrate et 250 kilogr. de superphosphate.

Vu ses propriétés rafraîchissantes, sa saveur, son odeur due à un principe aromatique et excitant qu'elle contient, la carotte est très goûtée de certains animaux ; aussi, nous la distribuerons aux chevaux et aux moutons qui en sont très friands. Cette nourriture sera donnée en hiver, époque où ces animaux ne consomment que des matières sèches et échauffantes. Le semis se fera fin avril en lignes espacées de 35 centimètres, à raison de 6 à 8 kilogr. par hectare. Un binage précèdera le démariage.

Au cours de cette dernière opération on laissera un intervalle de 0.20 à 0.25 centimètres entre chaque pied, sur les lignes ; un second binage à la houe sera donné 15 jours après.

La récolte sera faite fin octobre, au moment où les racines ayant atteint leur complet développement sont le plus volumineuses. On les laissera se ressuyer pendant quelques jours afin qu'elles perdent une partie de leur eau de végétation.

Comme elles sont susceptibles d'une facile fermentation, les tas, dans les granges, devront être peu élevés.

En employant les variétés suivantes : Jaune d'Achicourt et la Blanche à collet vert, nous comptons sur un rendement moyen de 24 à 28.000 kilogr. à l'hectare.

DEUXIÈME SOLE

BLÉ (*30 hectares*)

Le blé est, sans contredit, la première des céréales

cultivées en France ; il est la principale richesse du cultivateur quand il se vend convenablement.

Cette plante fournissant la nourriture indispensable à l'homme, le pain, celui-ci devra être de meilleure qualité possible. Aussi aurons-nous recours aux meilleures variétés qui conviennent aux terrains du pays, et pour cela nous ferons des essais en petit.

Comme toutes les menues pailles sont en partie données aux bestiaux, mélangées avec des aliments aqueux et qu'elles sont riches en principes nutritifs, la culture des blés barbus sera rejetée, car leurs barbes nuiraient beaucoup aux animaux. Nous nous bornerons donc aux blés suivants, et lorsqu'une variété, cultivée déjà depuis un certain temps, sera dégénérée, nous la remplacerons par une autre non moins importante, ou quelquefois la même provenant d'une contrée voisine.

Le blé Chiddan, d'automne, d'un grand rapport en grains et en paille est peu sujet à la verse, l'Hallet's, jouissant des mêmes avantages que le précédent, auront la préférence.

Avant le semis nous ferons subir aux graines certaines préparations indispensables pour leur bonne venue et pour les préserver de certaines maladies, tout en les mettant à l'abri de l'attaque des insectes, des rongeurs et des oiseaux, qui en sont friands.

Tout d'abord ils seront soumis au sulfatage, à raison de 3 kilog. de sulfate de cuivre pour un hectolitre d'eau, soit 20 à 25 litres de liquide pour un hectolitre de grains ; on opèrera quelques jours avant l'ensemencement afin que les graines étant humectées gonflent et germent plus promptement. Les terres absorberont 10.000 kilog. de fumier restant de la culture précédente, un labour moyen suivi de deux hersages donnés : l'un en long, l'autre en travers, amenant le sol à un degré d'ameublissement convenable pour recevoir la semence qui sera distribuée au moyen d'un semoir, en lignes espacées de 12 centimètres 1/2, à la dose de 180 litres à 2 hectolitres à l'hectare. Au printemps nous répandrons 150 kilog. de nitrate de soude et 250 kilog. de superphosphate.

La graine après la semaison va germer et lever, si la température le lui permet. Si la plante est faible au printemps, l'engrais qu'on y appliquera, suivi d'un hersage et d'un roulage, sera assimilé au sol.

La récolte aura lieu lorsque la paille sera jaune, quand les grains ne seront plus laiteux, mais assez fermes pour que l'ongle ne puisse les traverser.

Pour la moisson des blés de semence on attendra la complète maturité afin que les principes germinatifs soient bien formés, forts et vigoureux.

A partir de cette année les blés, ainsi que les autres céréales, seront fauchés à l'aide d'une moissonneuse-lieuse ; dans les endroits où ils seront versés l'on se servira des anciens instruments, les faulx armées ; jamais on ne fauchera immédiatement après la pluie.

La rentrée aura lieu aussitôt que possible et dès que les gerbes seront sèches.

Le choix des variétés et une bonne culture nous permettent de compter sur un rendement de 25 à 30 hect. de grain et de 4.000 à 4.500 kilog. de paille.

TROISIÈME SOLE

TRÈFLE (*30 hectares*)

Le trèfle est semé au printemps dans le blé à la dose de 20 kilog. à l'hectare. On le recouvre à l'aide d'un hersage et d'un roulage; il faut pour cela choisir un temps propice.

La première année l'on ne récolte que la céréale; le trèfle passera l'hiver en terre et au printemps il pourra être hersé. Avant ce hersage l'on répandra 100 kilog. de chaux. Le trèfle est coupé lorsqu'il est en pleine fleur. Grâce à la faucheuse, il est mis en andains qui ne demandent que quelques jours de soleil pour le fanage qui se fait à la fourche en retournant souvent le trèfle. Une fois fané il est mis en meules et le chargement se fait avec précaution de façon à éviter la chute des feuilles.

Le rendement moyen n'est pas moins de 5.000 kilog. à l'hectare. Chaque année nous en laisserons une partie sécher sur pied afin d'en récolter la graine qui sera nettoyée pendant l'hiver et servira de semence au printemps suivant.

QUATRIÈME SOLE

AVOINE (27 *hectares*)

Après le blé l'avoine est la céréale qui a la plus grande place dans nos cultures. Elle est principalement cultivée pour l'alimentation des chevaux; le surplus sera vendu.

Les pailles seront données tout spécialement aux bovidés, car il est prouvé que cette nourriture tout en augmentant la lactation donne de la qualité au lait. Jointes aux pailles de blé, elles seront mélangées avec des nourritures aqueuses.

L'avoine est quelque peu indifférente à la température et au terrain; bien que les principes fertilisants laissés par les cultures précédentes lui suffiraient, néan-

moins, nous lui donnerons 150 kilog. de nitrate de soude
et 250 kilog. de superphosphate, à l'hectare.

Afin d'obtenir une bonne récolte, on donnera au sol
un labour profond d'hiver ; cette façon aura pour consé-
quence de permettre aux gelées d'attaquer la terre, de la
diviser et par là même de l'aérer. En février, on donnera
un labour moyen afin de préparer la terre à l'ensemencement, pour les premiers temps favorables, car l'on
connait le dicton :

> Avoine de février
> Remplit le grenier.

Aussitôt que possible il sera fait deux hersages, l'un
fort et l'autre léger ; ils seront donnés en sens contraire
et ainsi ils compléteront les soins réclamés par la
culture.

Nous procèderons ensuite à la semaille ou semaison.
Elle se fera en totalité, si nous en avons le temps, au
moyen du semoir en ligne comme pour le blé et à raison
de 2 hectolitres 1/2 de semence à l'hectare.

Le même jour nous sèmerons les 2 hectares de luzerne,
puis nous donnerons un léger hersage pour enterrer les
graines. Cette luzerne sera semée à la fin de l'hiver
lorsque les gelées ne seront plus à redouter. Un fort
roulage sera ensuite donné afin de conserver l'humidité
et y faire bien adhérer les graines semées.

La moisson aura lieu quand l'avoine sera mûre ; l'on
prendra toutes les précautions nécessaires pour éviter
l'égrenage. Pour effectuer la récolte on se servira de la
moissonneuse-lieuse.

Il est faux de croire que l'avoine doit recevoir une
bonne ondée, être mouillée. Le volume du grain augmente, il est vrai, mais il prend un goût de moisi qui

en rend la vente difficile et le fait rejeter des animaux. Afin d'éviter cet inconvénient et aussi pour ne pas nuire aux 2 hectares de prairie artificielle, l'avoine ne restera en javelle que quelques jours seulement si le temps le permet.

La variété cultivée sera la noire de Brie, variété de premier choix, qui, de plus, se plaît dans la contrée et dont la vente est la plus facile.

Aussi nous comptons sur 35 à 40 hect. à l'hectare et 4.000 à 4.500 kilog. de paille.

ORGE (*3 hectares*)

La culture de l'orge sera faite en vue des besoins de l'exploitation ; le surplus sera vendu sur les marchés où l'on en trouve un débouché assuré.

La variété cultivée sera l'orge commune à deux rangs très acclimatée dans le pays et donnant de forts rendements.

Comme pour l'avoine, on donnera au sol un labour d'hiver, puis un second avant l'ensemencement, car si, à la rigueur, l'avoine peut être semée dans la boue, l'orge exige une terre plutôt poudreuse. L'on donnera à l'orge les mêmes soins qu'à l'avoine ; on sèmera la même quantité à l'hectare et les engrais chimiques seront employés également dans la même proportion.

La récolte se fera fin août ou commencement de septembre, lors de la complète maturité ; les javelles seront couchées, puis rentrées le plus tôt possible.

En exécutant bien tous les travaux qu'exige cette culture, nous pourrons compter sur un rendement de 30 à 35 hectolitres à l'hectare, et de 3.500 à 4.000 kilogr. de paille.

HORS SOLE

Luzerne (*8 hectares*)

La luzerne, plante préférée pour la composition des prairies artificielles, est cultivée hors sole à cause du temps pendant lequel nous la laissons en terre.

La luzerne occupe le sol pendant 4 ans. Semée dans l'avoine, elle reçoit, chaque année un hersage au printemps ; la première année on y sèmera 400 kilogr. de chaux.

Son rendement moyen est de 6.000 kilogr. à l'hectare.

La luzerne est récoltée comme le trèfle ; elle est donnée aux animaux, et spécialement aux poulains.

Prairies naturelles (*274 hectares*) [1]

Une surface de 274 hectares offre de vastes prés, ne formant qu'un seul tenant. Ces prairies, grâce aux soins éclairés apportés à leur création, et à la richesse naturelle du sol sont d'un très grand rapport.

Tous les animaux y séjournent pendant la majeure partie de l'année ; les bœufs d'engrais n'en sortent que pour aller à la boucherie.

Les plantes principales qui composent ces prairies sont :

---

[1] Cet article est longuement développé à l'appendice placé à la suite de cette thèse. Prière de s'y reporter.

Graminées 5/10 réparties régulièrement.	Paturin commun .	Poa trivialis.
	Fétuque des prés .	Festuca pratensis.
	Fromental. . . .	Arrhenatherum elatius.
	Avoine jaunâtre. .	Avena flanescens.
	Dactyle.	Dactylis glomerata.
	Houlque laineuse .	Holcus lanatus.
	Agrostis commune.	Agrostis vulgaris.
	Crételle	Cynosurus cristatus.
	Flouve.	Anthoxanthum odoratum.
	Brize	Briza media.
Légumineuses 4/10	Trèfle blanc . . .	Trifolium repens.
	Trèfle des prés . .	Trifolium pratense.
	Minette.	Medicago lupulina.
	Lotier corniculé. .	Lotus corniculatus.
Plantes diverses 1/10	Chrysanthème . .	Chrysanthème leucanthemum.
	Pissenlit	Taraxacum dens léonis.
	Jacée	Centaurea jacea.
	Hypochéride. . .	Hypochœris radicata.
	Millefeuille . . .	Achillea millefolium.
	Carotte sauvage. .	Daucus carota.
	Galliet jaune . . .	Galium verum.
	Plantain	Plantago lanceolata.

Comme engrais, outre les déjections des animaux, les prairies sont chaulées, tous les dix ans, par l'emploi des scories de déphosphoration. Cet amendement sera supprimé.

Certaines prairies sont arrosées à l'aide des purins qu'on leur envoie et si le besoin s'en faisait sentir, nous pourrions aussi les fumer avec du fumier de ferme bien décomposé.

En cas de disette de fourrage une partie des prairies

sont fauchées en juin ; puis elles sont presque immédiatement chargées de bœufs pour l'engrais.

Le travail principal à effectuer chaque année est le
nettoyage des fossés et des abreuvoirs, l'entretien des
clôtures et le fauchage des endroits envahis par la mauvaise herbe.

Nous l'avons dit déjà, pour l'amendement de nos
prairies nous employons des scories de déphosphoration,
ce qui augmente le prix de la location qui se trouve
ainsi porté à 112 fr. l'hectare. Détail :

Location.	87,25
Etaupinage, haies, fossés .	10,75
Amendements	14
Total égal	112 fr.

CHAPITRE IV

DU BÉTAIL

Comme il a été dit précédemment, le bétail est la machine vivante qui transforme le fourrage en viande et la litière en engrais; ce produit nutritif appliqué à la terre, devient la matière première des végétaux.

Si l'on veut des récoltes il faut du fumier, dès lors il faut des animaux, et par suite des fourrages pour les nourrir.

Dans beaucoup de cas tous les produits de la ferme sont destinés à être consommés sur place. Le blé, l'avoine, l'orge et les betteraves sucrières, ainsi qu'une partie des pommes de terre, seuls seront exportés, en plus grande quantité.

Le bétail est une des bases les plus solides de la propriété agricole. Mais combien est-on loin d'obtenir des animaux tout ce qu'ils peuvent produire ? Ce manque de production provient de la mauvaise nourriture, aussi dans notre assolement, nous nous sommes efforcé de comprendre les plantes qui conviennent le mieux aux spéculations auxquelles nous voulons nous livrer et nous avons grande quantité de plantes fourragères.

Le tableau suivant va nous donner la quantité de fourrages produits et ramenés à l'équivalent du foin des prairies naturelles.

4

NOMS DES PLANTES	NOMBRE d'hectares	RENDEMENT A L'HECTARE		RENDEMENT TOTAL	FOURRAGES CONSOMMÉS	ÉQUIVALENT nutritif	VALEUR en BON FOIN
		ÉTAT VERT	ÉTAT SEC				
Betteraves sucrières .	19	30.000	»	570.000k	»	»	»
Betteraves fourragères.	4 1/2	40.000	»	180.000k	180.000k	300	60.000k
Pommes de terre . .	3	16.000	»	48.000k	30.000k	200	15.000k
Carottes	3 1/2	25.000	»	87.500k	87.500k	300	29.166k
Blé : { grain	30	»	25hect	750hect	87.000k	»	»
{ paille. . . .	30	»	4.000k	120.000k	120.000k	300	40.000k
Trèfle	30	»	5.000k	150.000k	150.000k	90	166.666k
Avoine : { grain . .	27	»	35hect	945hect	160hect	50	16.000k
{ paille . .	27	»	4.000k	108.000k	108.000k	300	36.000k
Orge : { grain . .	3	»	30hect	90hect	20hect	50	2.160k
{ paille . .	3	»	3.500k	10.500k	10.500k	300	3.500k
Luzerne	8	»	6.000k	48.000k	48.000k	90	53.333k
					TOTAL		421.825k

Cette quantité de nourriture ne servira pas entièrement à l'alimentation ; il faut en distraire une partie pour fournir la litière aux animaux. Nous reportant aux ouvrages des principaux économistes, nous trouvons chez M. le docteur Lévy que la litière est le tiers du poids total des nourritures à consommer dans la ferme, à l'état sec.

Il nous reste à chercher la somme des matières sèches fournies par celles qui sont destinées à la consommation ; pour cela nous retranchons du poids de chaque substance la proportion d'eau qu'elle renferme dans ses tissus, et alors nous en prendrons le 1/3.

NOM DES PLANTES	MATIÈRES sèches p. °/₀	FOURRAGES consommés	TOTALITÉ des matières sèches
Betteraves fourragères . .	12	180.000	21.600
Pommes de terres. . . .	25	30.000	7.500
Carottes	13	87.500	11.375
Blé, paille	85.7	120.000	102.840
Trèfle.	84	150.000	126.000
Avoine, paille	85.7	108.000	92.556
— grain	85.7	8.000	6.856
Orge, paille.	85.7	10.500	8.998
— grain	85.7	1.200	1.028
Luzerne	84	48.000	40.320
		TOTAL. . .	419.073 kil

Nous avons donc trouvé en matières sèches des fourrages, un poids total de 419.073 kilog. d'où le poids de la litière à employer est de :

$$\frac{419.073^k}{3} = 139.691 \text{ kilog}$$

Mais ces 139.691ᵏ de litière sont pris dans les pailles, et leur équivalent en foin étant 300, nous aurons :

$$\frac{139.691^k \times 100}{300} = 46.564^k \text{ d'équivalent en foin.}$$

D'où retranchant ce chiffre de la nourriture totale en foin, nous aurons le nombre de kilogrammes donnés aux animaux, soit :

$$421.825 - 46.564 = 375.261 \text{ kilog.}$$

Aujourd'hui, dans la pratique, il est reconnu par la plupart des agriculteurs qu'une tête de gros bétail mange journellement presque 1/30 de son poids, les nourritures étant ramenées à la valeur du foin sec.

Or, en agriculture, on compte comme tête de bétail une bête d'un poids vif de 450 kilogrammes.

Sachant qu'une bête mange 1/30 de son poids journellement, il nous est donc facile de trouver ce qu'elle consomme annuellement, ou :

$$\frac{450 \times 365}{30} = 5.475^k \text{ de foin ou l'équivalent.}$$

Pour trouver la quantité de têtes de bétail que nous pouvons nourrir, nous n'avons qu'à diviser le chiffre total en foin que nous pouvons livrer à la consommation par 5.475, c'est ainsi que nous avons une nourriture pour :

$$\frac{375.261}{5.475} = 68 \ 1/2 \text{ têtes théoriques.}$$

Constitution du Mobilier vivant

La composition de notre bétail sera de :

15 chevaux,
1 âne,
25 poulains,
1 taureau,
40 vaches à veau,
34 veaux,
34 génisses ou bœufs,
14 bœufs adultes,
300 moutons à l'engrais,
24 bœufs de travail,
6 porcs de divers âges.

Basse-Cour

Ramenons toutes ces têtes de bétail d'un poids extrêmement variable au poids théorique de 450 kilogrammes,
que nous avons pris comme base de notre calcul. Or,
nous savons qu'en moyenne :

1 cheval	pèse	600 kilogrammes	
1 âne	»	300	»
1 poulain	»	400	»
1 taureau	»	800	»
1 vache	»	600	»
1 veau	»	200	»
1 génisse	»	400	»
1 bœuf	»	500	»
1 mouton	»	35	»
1 bœuf	»	650	»
1 porc	»	100	»

Pour la basse-cour, on la compte généralement comme une tête de bétail.

Nous ne devons tenir compte que du temps que les animaux passent renfermés dans les étables; car dans les prés, grâce au grand nombre d'animaux à l'engrais dont le nombre peut-être plus ou moins grand, nous sommes toujours assurés d'avoir assez de nourriture.

D'après ceci, nous devons compter, dans notre ferme, un poids vivant de:

15 chevaux[1]	$\frac{15\times7}{12}=$	8,75 pesant l'un	600. .	5.250k
1 âne	$\frac{1\times6}{12}=$	0,50 » »	300. .	150
25 poulains	$\frac{25\times3}{12}=$	6,25 » »	400. .	2.500
1 taureau	$\frac{1\times4}{12}=$	0,33 » »	800. .	266
40 vaches	$\frac{40\times4}{12}=$	13,33 » »	600. .	7.998
34 veaux	$\frac{34\times3}{12}=$	8,5 » »	200. .	1.700
34 génisses	$\frac{34\times3}{12}=$	8,5 » »	400. .	3.400
14 bœufs	$\frac{14\times3}{12}=$	3,5 » »	500 . .	1.750
300 moutons	$\frac{300\times95}{365}=$	78 » »	35. .	2.730
24 bœufs	$\frac{24\times2}{12}=$	4 » »	650. .	2.600
6 porcs		6 » »	100. .	600
Basse-Cour		1 » »	450. .	450
		Poids total. . . .		29.394k

---

(1) Ici, comme pour chaque espéce animale, nous tenons compte seulement du temps que les animaux passent à l'étable.

En divisant ce total par 450 kilogrammes, nous aurons le nombre de têtes théoriques dont se compose notre bétail, savoir :

$$\frac{29.394}{450} = 65 \ 1/3 \text{ têtes.}$$

D'après notre assolement, nous pouvons en nourrir 68 1/2 ; nous avons donc en excès la nourriture d'un peu plus de 3 têtes.

En cas de mauvaise année, l'on pourrait à la rigueur se procurer des fourrages en fauchant une partie des prés ; il faudra malgré cela se ménager une réserve pour faire face à un hiver trop long ; une provision de 45.000 kilog. de fourrages et de 35.000 kilog. de pailles sera disponible. Ces fourrages, consommés à l'entrée de l'hiver, seront remplacés par d'autres, récoltés la même année.

ADMINISTRATION DE CHAQUE ESPÈCE ANIMALE.

ENTRETIEN ET PRODUITS

Nous avons vu le nombre de bêtes que nous pouvons nourrir dans chaque espèce ; étudions maintenant leur administration au point de vue de leur alimentation, des soins qu'ils demandent et de leurs produits.

Ecurie

Les travaux nombreux que réclame une même époque nécessitent un nombre relativement élevé de chevaux ;

c'est pourquoi, afin d'éviter de posséder des bêtes au repos un trop long temps, nous avons, pendant huit mois de l'année, des bœufs qui, tout en remplaçant des chevaux, forment une des spéculations les plus lucratives.

Nos chevaux appartiennent en grande partie à la race nivernaise; nous aurons toujours dix juments, dont six seront saillies chaque année; nous comptons avoir au moins quatre poulains par an.

L'écurie composée de 15 chevaux est divisée en quatre attelées de trois; deux autres sont surtout chevaux à deux fins, employés tantôt à la voiture, tantôt aux travaux des champs; le dernier sert exclusivement à l'exploitant pour aller aux foires et marchés.

L'âne sert pour les besoins du ménage, faire les commissions et pour les petits charrois effectués à l'intérieur de la ferme.

Les chevaux usés ou vicieux sont vendus et remplacés par des poulains que l'on commence à dresser à 18 mois; nous ferons nous-même leur dressage.

Nourriture. — Comme les travaux nécessités par les cultures sont variables, suivant les différentes époques de l'année, et qu'ils réclament de nos bêtes une force de résistance plus ou moins considérable, nous donnerons à nos chevaux un régime alimentaire proportionné à la somme du travail qu'ils sont appelés à fournir.

Et, quelle que soit la valeur d'un cheval, son endurance au travail sera toujours en rapport avec son traitement.

Voyons les nourritures qui conviennent à cette espèce animale.

Pendant cinq mois qu'ils ne travaillent pas, ou qu'ils

ne fournissent qu'une faible quantité de travail, nos chevaux n'ont d'autres nourritures que le pâturage.

Au cours des sept autres mois de l'année ils sont conservés à l'écurie. — Pendant les trois mois d'hiver ils reçoivent :

Carotte.	15 kilos.
Luzerne	10 »
Paille	10 »

les quatre mois suivants, époque des travaux pénibles, on leur donnera :

Avoine	10 litres.
Luzerne	10 kilos.
Paille	10 »

Pendant toute la belle saison, les animaux passent la nuit dans les prés. Le cheval de voiture réclame de l'avoine presque toute l'année. La ration d'avoine sera donnée aux chevaux en trois fois différentes, chaque jour.

Au point de vue économique, l'avoine ne sera distribuée qu'après l'abreuvage, sinon l'eau entraînerait une partie des substances nutritives que renfermerait l'estomac, sans qu'elles soient converties en chyle ; et cela en pure perte.

Dans l'intérêt de la santé des chevaux, l'écurie sera propre ; les fenêtres, percées à quelques centimètres du plafond, permettant d'établir un courant d'air durant le curage de l'écurie en l'absence des chevaux.

Les râteliers obliques, par leur disposition défectueuse, font que les poussières se répandent sur la crinière des chevaux et demandent à être replacés verticalement lors de la première réparation. Le fond du râtelier, à claire-voie, permettra aux poussières de tomber derrière l'auge.

Les harnais seront d'une souplesse capable d'éviter toute blessure sur le corps des animaux ; pour cela, ils seront nettoyés et graissés assez souvent.

Poulains

Parmi les diverses spéculations animales effectuées, nous nous trouvons ici en face de la plus lucrative, malgré les grands risques qu'elle présente.

Chaque année, vers la fin d'octobre, nous achetons 25 poulains de six mois que nous gardons un an et que nous revendons ensuite.

Ces animaux sont simplement abrités pendant les trois mois d'hiver dans nos écuries ; ils passent le reste du temps dans les prés. A l'herbage, nous mettons en moyenne un poulain pour huit bœufs ; il y a donc toujours plusieurs poulains ensemble.

Leur vente est assurée ; elle se fait à des agriculteurs du Nord qui, chaque année, en achètent un certain nombre. Une autre partie est emmenée par des marchands étrangers courant le pays ; enfin le reste part à la foire du 25 novembre, à Tannay, foire de la sainte Catherine.

Comme nourriture d'hiver on leur donne en trois repas :

Carotte	10	kilos
Luzerne	6	»
Paille	8	»

Nous observerons les mêmes soins d'hygiène que pour les chevaux.

Vacherie

La vacherie constituera l'une de nos principales spéculations ; elle aura tous nos soins.

D'elle en effet, dépendra la réussite de notre élevage bovin.

Les vaches sont toutes de la race nivernaise améliorée, peu laitière il est vrai, mais fournissant néanmoins, assez de lait pour nourrir de bons veaux, surtout s'ils viennent d'un taureau de choix.

Tous les deux ou trois ans au plus l'on changera de taureau et afin d'éviter toute consanguinité parmi nos animaux, nous le prendrons chez des éleveurs voisins.

La vacherie compte quarante et une têtes ; les vaches passent huit mois de l'année dans les herbages. Le plus souvent c'est là qu'au printemps, elles donnent leur produit.

Le taureau n'est remis avec les vaches que vers la fin d'Avril, le part n'a donc lieu qu'en Février à l'étable, ou en Mars et même en Avril dans les prés.

De cette façon, nous avons des veaux de belle provenance ou bien faits, forts, robustes l'hiver et peu sensibles aux changements de température. Nés le plus souvent dans les prés, ils les quittent forcément à la saison rigoureuse et faute de pouvoir y trouver leur nourriture.

A six mois, nous vendons déjà six veaux comme animaux reproducteurs ; les autres rentrent dans une autre catégorie que nous étudierons plus loin.

Pendant les quatre mois que nos vaches passent à l'étable, nous leur donnerons, en trois fois, la ration quotidienne suivante :

Trèfle.   .   .   .   10 kilos.
Betterave. .   .   20   »
Paille.   .   .   .   10   »

Toute vache ne pouvant pas nourrir seule son veau est engraissée et vendue.

Les vaches usées sont remplacées par des génisses nées sur le domaine.

Bovins (de six à dix-huit mois)

Les 34 veaux qui nous restent passent leur année, neuf mois à la pâture et trois mois à l'étable; pendant ces derniers mois, ils reçoivent en nourriture :

Luzerne.   .   .   .   3 kilos.
Betterave.   .   .   6   »
Paille   5   »

Bovidés (de 18 à 30 mois)

Les animaux de cette section sont divisés en deux classes : d'un côté, les bœufs qui doivent encore passer un an sur le domaine; de l'autre, les génisses destinées à être vendues à la fin de la saison comme bêtes suitées. Parmi elles, nous prenons les têtes nécessaires pour remplacer les sept ou huit vaches, que chaque année, nous mettons hors de service.

Ces génisses ne sont l'objet d'aucun soin particulier. Elles passent, comme les autres animaux formant ce compte, neuf mois à l'herbage et trois mois à l'étable.

Comme nourriture on leur donne :

Trèfle . . . .   6 kilos.
Betterave   10   »
Paille   8   »

Bœufs

Viennent ensuite 12 bœufs et 2 taureaux. Ces animaux sont conservés pendant 4 mois avant de passer dans un autre groupe.

Durant ce temps, les animaux passent trois mois à l'étable et un mois dans les prés.

Les bœufs passent ensuite dans la catégorie des bœufs de travail et les 2 taureaux dans celle des animaux à l'engrais mais avec les vaches.

Pendant leur stabulation, leur régime est le suivant :

Trèfle . . . .   10 kilos
Betterave   15   »
Paille   10   »

Bœufs de travail

Chaque année nous aurons 24 bœufs de travail ainsi divisés : douze sortant du domaine et n'ayant jamais travaillé et douze autres achetés sur les marchés et sachant travailler.

Ces animaux formeront quatre attelées de six têtes chacune et ne travailleront jamais plus de six heures par jour.

Ils seront nourris pendant les huit mois que nous les conserverons dans les pâtures : ils feront dans les étables un seul repas par jour, en temps de travail, avant d'être remis dans l'herbage.

D'après le travail que ces animaux effectuent, nous l'avons constaté, ils nous remplacent avantageusement plusieurs chevaux.

Ces animaux sont vendus avant l'hiver pour être envoyés dans les fermes et les sucreries du Nord.

Ils reçoivent, au repas qu'ils font à l'étable :

10 kilos de trèfle.
8 » de paille.

Bergerie

Chaque année, à l'automne, nous achetons, dans la région, 300 moutons maigres que nous engraissons à l'étable.

Nous préférons, pour cette spéculation, le croisement de la race berrichonne avec le southdown.

Le sang anglais donne une bien plus grande précocité.

Ces animaux recevront par jour :

Luzerne . . . . . . 1 kilo
Betterave . . . . . . 0 » 500
Carotte. . . . . . . 1 »
Paille . . . . 1 » 500

La vente s'en fait à Paris, à la Villette, où ils sont expédiés par wagon complet.

Porcherie

Les porcs élevés en ce moment au domaine de l'Allemande appartiennent à la race Craonnaise plus ou moins métisée.

Elle est assez estimée dans le pays. Les anglais plus ou moins purs, sont d'une vente difficile par suite de l'énorme quantité de graisse qu'ils amassent et du peu de chair qu'ils produisent. Cependant nous essayons le Yorkshire en ayant soin de le vendre jeune et gras, lorsqu'il ne pèse guère plus de 100 kilos.

L'élevage du porc occupe une bien petite place parmi les autres spéculations ; cependant, pour le moment, nous ne l'augmenterons point et le nombre des têtes se limitera à six.

L'effectif comprendra un verrat, 3 truies, un porc, et de jeunes gorets de divers âges.

Les truies portant trois mois, trois semaines et trois jours, nous leur ferons donner deux portées par an et autant que possible en Mars et en Septembre.

L'alimentation, pour chaque tête, sera la suivante :

Pommes de terre.	3 k. 500
Son	0 500
Eaux grasses, ou équivalent .	8 »
Paille-litière	5 »

Basse-Cour

Une basse-cour, on peut bien le dire, est le complément indispensable d'une exploitation agricole.

Les animaux qui la composent tirent parti d'une foule de produits qui, sans eux, n'auraient aucune utilité ; tels sont les criblures et les graines qui tombent naturellement des gerbes transportées. La qualité des animaux nourris par ces produits est très appréciée ; aussi sont-ils d'une vente facile.

Les poules, actuellement dans la basse-cour résultent du mélange de plusieurs variétés, se rapprochant beaucoup de la race commune.

En la sélectionnant et en introduisant la Crévecœur, nous espérons obtenir des produits excellents.

Outre les criblures, nous donnerons encore à nos volailles des pâtées de pommes de terre cuites mélangées de son.

La basse-cour comprend également un clapier garni de lapins de race commune ; un colombier peuplé de bizets et de quelques voyageurs.

Les mères de chaque race font éclore et élèvent elles-mêmes leurs petits ; cependant nous pensons qu'une couveuse artificielle serait d'un grand secours ; aussi nous en ferons l'acquisition.

Engraissement

Nous touchons ici à la plus grande spéculation faite au domaine de l'Allemande. Nous consacrons, en effet, en moyenne, 132 hectares chaque année à cette principale branche.

L'engraissement d'embauche demande une connaissance parfaite des animaux, des qualités à rechercher et des défauts à éviter, afin d'atteindre sûrement le but que l'on se propose.

Chaque année, dès le commencement du printemps, il faut parcourir les marchés afin d'acheter ces animaux ; il faut choisir des bêtes assez jeunes, n'ayant jamais connu la disette et offrant les signes d'un engraissement facile ; de plus, il faut les payer le moins cher possible. Les achats se continuent pendant toute la belle saison, jusqu'en juillet. Tous les jours, dès la fin de juin, le chef d'exploitation parcourt ses prés, afin de se rendre compte de l'état de ses bêtes et constater s'ils prennent bien la graisse.

Vers cette même époque, on commence aussi la vente ; au chef d'exploitation incombe également le soin de remarquer et d'indiquer les bovidés aptes à partir.

Tous les animaux sont vendus aux marchés de la Villette.

On engraissera également des vaches, et, pour mieux leur faire prendre la graisse, on laissera avec elles un ou deux taureaux, qui, vers la fin de la saison, seront également vendus.

4

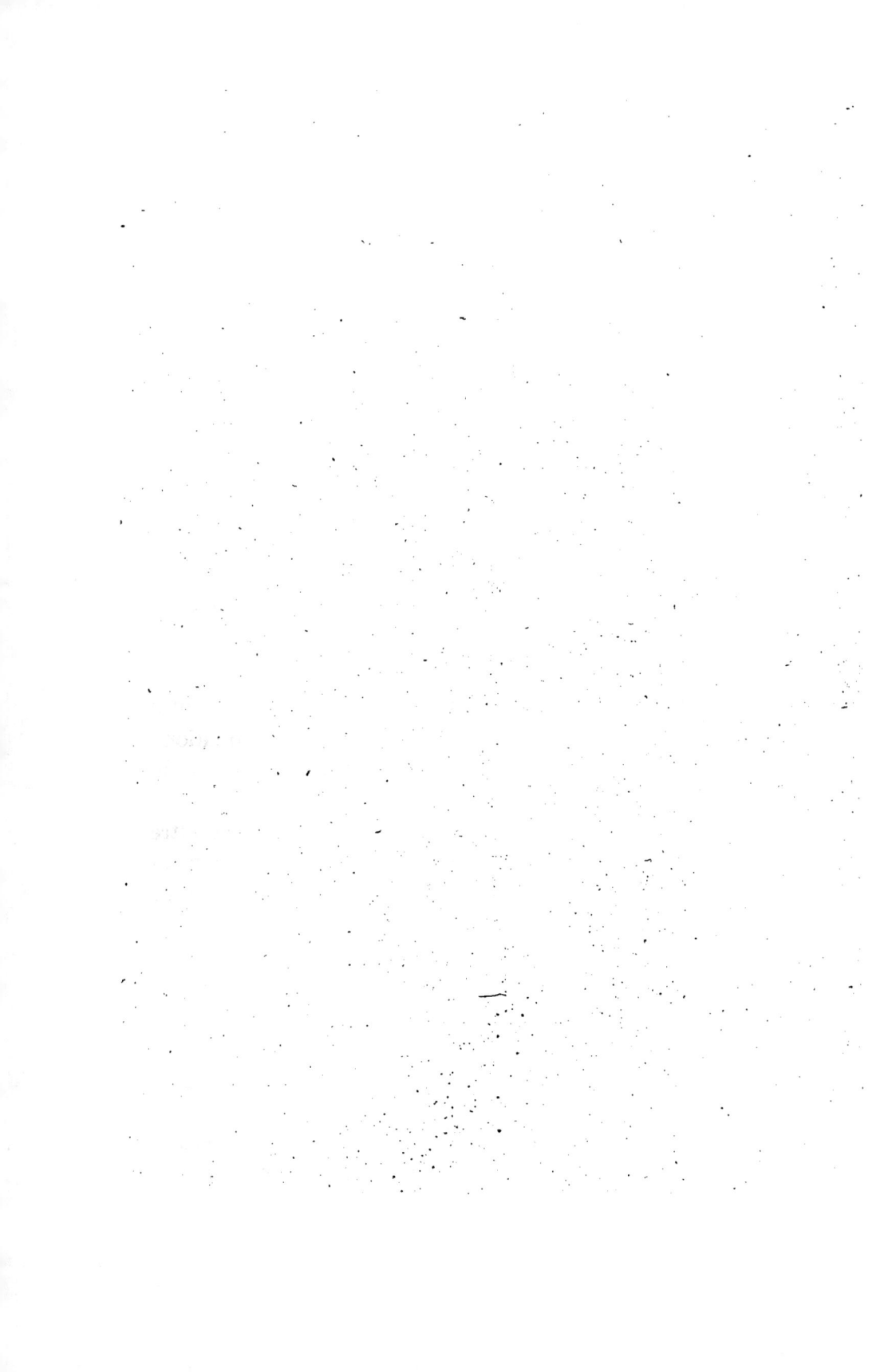

CHAPITRE V

ENGRAIS ET AMENDEMENTS

« La terre ne vieillit ni ne s'épuise,
si on l'engraisse. »

COLUMELLE.

LA question des engrais est très importante aujourd'hui, là où la production, sans le concours de stimulants, ne suffit pas à la consommation ; et elle l'est d'autant plus maintenant que beaucoup de produits étrangers viennent faire concurrence aux nôtres.

Il est donc de toute nécessité de chercher à accroître le plus possible la production du sol. L'emploi des meilleurs procédés de culture et des instruments les plus perfectionnés donnera de bons résultats au cultivateur.

Mais il est une loi impérieuse à laquelle il ne peut se soustraire impunément. C'est la loi de restitution, qui veut que plus on enlève à la terre, plus il faut lui rendre. A toutes les époques et dans tous les pays, la prospérité de l'agriculture a toujours été proportionnée à l'importance attachée aux engrais. Aujourd'hui tout le monde en convient, les engrais minéraux sont nécessaires à la ferme ; malheureusement l'argent fait souvent défaut dans la petite culture ; aussi le cultivateur doit-il faire de bons fumiers, et s'appliquer à ne rien perdre de ce qui peut fertiliser ses champs.

Non seulement il nous faut rendre au sol ce que les plantes y ont puisé, mais il nous faut encore augmenter sa fertilité. Ainsi fait-on de la culture améliorante.

Il ne faut pas oublier, que les plantes demandent une nourriture générale convenant à toutes, et une nourriture spéciale, variant selon chacune et qu'on peut appeler dominante.

D'une part, c'est le fumier constituant pour ainsi dire un capital engagé à long terme, et de l'autre, ce sont les engrais chimiques rapidement solubles et assimilables, circulant sans cesse dans le sol.

Leur juste proportion élève au maximum leur valeur fertilisante.

On sait que quatre éléments principaux sont indispensables à la nutrition des plantes ; l'azote, l'acide phosphorique, la potasse et la chaux ; ces deux derniers n'entrant que pour une faible partie dans la constitution des plantes, et l'expérience ayant démontré une trop faible quantité de chaux nous la donnons au sol par un chaulage.

Examinons les quantités d'azote et d'acide phosphorique enlevées au sol, et nous verrons de quelle manière nous pouvons faire la restitution.

Azote

NOM DES PLANTES	RENDEMENT à l'hectare	AZOTE ENLEVÉ PAR 100*	SOIT par hectare	ET POUR	AZOTE TOTAL
Betteraves su-crières . .	30.000^k	0.16	48^k	19^{hect}	912^k
Betteraves fourragères.	40.000^k	0.18	72	4 1/2	324^k
Carottes . .	25.000^k	0.21	52^k.50	3 1/2	183^k.750
Pommes de terre . . .	16.000^k	0.32	51^k.20	3	153^k.600
Blé { paille .	4.000^k	0.48	19^k.20	30	576^k
Blé { grain .	25^{hect} (75^k)	2.08	39	30	1.170^k
Trèfle . . .	5.000^k	1.90	95	30	2.850^k
Avoine { paille.	4.000^k	0.40	16	27	432^k
Avoine { grain .	35^{hect} (45^k)	1.90	29^k.92	27	807^k.850
Orge { paille.	3.500^k	0.45	15^k.75	3	47^k.250
Orge { grain .	30^{hect} (70^k)	1.52	31^k.92	3	95^k.760
Luzerne . .	6.000^k	2 »	120	8	960
			TOTAL. . .		8.512^k.210

Il est un fait incontestable, c'est que le trèfle et la luzerne prennent la majeure partie de leur azote dans l'air, aussi ne devons nous compter qu'un tiers de cette substance prise au sol par ces deux plantes, ce qui nous donne une totalité d'azote enlevée au sol en réalité de 8.512^k 210 — 2.540 soit 5.972^k 210.

Acide phosphorique

Sachant combien nos récoltes enlèvent d'éléments au sol, voyons maintenant comment nous les restituerons :

1º Par le fumier de ferme ; 2º par les engrais chimiques et les diverses substances capables d'enrichir le sol.

1º Combien aurons-nous de fumier annuellement?

Pour celà nous nous guiderons sur la méthode de Thaër, laquelle est basée sur la quantité de foin consommée dans la ferme.

NOM DES PLANTES	RENDEMENT à l'hectare	ACIDE phosphoriq. enlevé par 100ᵏ	SOIT à l'hectare	ET POUR	ACIDE phosphorique total enlevé
Betteraves su-crières . .	30.000ᵏ	0.11	33ᵏ	19ʰᵉᶜᵗ	627ᵏ
Betteraves fourragères.	40.000ᵏ	0.08	32ᵏ	4 1/2	144ᵏ
Carottes . .	25.000ᵏ	0.11	27ᵏ.50	3 1/2	96ᵏ.25
Pommes de terre . . .	16.000ᵏ	0.18	28ᵏ.80	3	86ᵏ.40
Blé { paille .	4.000ᵏ	0.23	9ᵏ.20	30	276ᵏ
Blé { grain .	25ʰᵉᶜᵗ (75ᵏ)	0.82	15ᵏ.37	30	461ᵏ.10
Trèfle . . .	5.000ᵏ	0.56	28ᵏ	30	840ᵏ
Avoine { paille.	4.000ᵏ	0.28	11ᵏ.20	27	302ᵏ.40
Avoine { grain .	35ʰᵉᶜᵗ (45ᵏ)	0.55	8ᵏ.66	27	233ᵏ.82
Orge { paille.	3.500ᵏ	0.18	6ᵏ.30	3	18ᵏ.90
Orge { grain .	30ʰᵉᶜᵗ (70ᵏ)	0.72	15ᵏ.12	3	45ᵏ.36
Luzerne . .	6.000ᵏ	0.51	30ᵏ.60	8	244ᵏ.80
				TOTAL. . .	3.376ᵏ.030

Connaissant la quantité de foin consommée chaque année, nous y ajouterons la litière ; et la somme obtenue sera multipliée par un facteur variable ayant pour base les déjections fournies par les animaux ; après avoir consulté différents auteurs, et tenant compte de l'espèce animale qui domine, nous avons pris comme facteur le chiffre 2.

Nous sommes supposés nourrir 65 têtes 1/3 de bétail ; nos animaux consommeront donc :

$$5.475 \times 65 \ ^1/_3 = 358.681 \text{ kilog.}$$

A cela ajoutons les litières déjà calculées, soit 139.691ᵏ.

Appliquant donc la formule citée plus haut, nous avons la production totale du fumier ou :

$$(358.681 + 139.691) \times 2 = 996.744 \text{ kilog.}$$

Pendant la révolution de notre assolement nous ne fumerons qu'une sole, soit 30 hectares.

Tenant compte des déperditions et de la quantité

demandée par le jardin et la vigne nous ne fournirons aux plantes de l'assolement que 600.000^k soit 20.000^k par hectare. Connaissant cette quantité, il nous reste à voir maintenant sa teneur en azote et en acide phosphorique.

Plusieurs analyses ont été faites, et la plupart des auteurs ont émis des propositions variables ; cependant nous nous arrêtons à celle de M. Joulie qui a donné pour le fumier :

une quantité de 5 pour 1.000 d'azote,

— · 3,5 — d'acide phosphorique.

Nous fournissons donc au sol, par le fumier :

$$\frac{600.000 \times 5}{1.000} = 3.000 \text{ kilog. d'azote,}$$

$$\frac{600.000 \times 35}{1.000} = 2.100 \text{ kilog. d'acide phosphorique.}$$

Mais les cultures lui enlèvent 5.970^{k}850 d'azote.

Il nous faudra donc trouver 2.970^k 850 de cette substance.

Si nous examinons maintenant les calculs ayant rapport à l'acide phosphorique, nous trouvons une différence beaucoup moins forte.

Les effets chimiques qui se produisent dans le sol, nous avertissent qu'il y a manque plus grand d'acide phosphorique ; d'abord une partie n'est pas directement assimilable et parmi celle qui l'est au lieu de s'assimiler aux plantes, une proportion se combine avec le fer pour former des phosphates qui souvent, englobés par cette substance, n'ont aucune action sur la plante. Nous nous voyons obligés d'employer les hyperphosphates. C'est même une nécessité pour nous : d'après la loi de combinaison chimique, l'acide phosphorique doit être en partie double de l'azote pour que ce dernier puisse s'assimiler facilement.

2º Étudions maintenant les autres ressources, pour l'azote. Par les engrais chimiques nous donnons :

Betteraves sucrières 150 kilog. de nitrate de soude dosant 15 kilog. % soit pour 19 hectares . . . . .22^{k}5×19. . . . . . . 427^{k}5

Betteraves fourragères 200 kilog de nitrate de soude dosant 15 kilog. soit pour 4 hecta-res ½ . . . . .30^k×4 ½ 135

Carottes 200 kilog. de nitrate de soude dosant 15 kilogrammes soit pour 3 hectares et demi . . . .30^k×3 ½ 105

Blé 150 kil. de nitrate de soude dosant 15 kil. soit pour 30 hect. .22^{k}5×30 675

Avoine 150 kil. de nitrate de soude dosant 15 kil. soit pour 27 h. .22^{k}5×27 . . . . . . 607^{k}5

Orge 150 kil. de nitrate de soude dosant 15 kil. soit pour 3 h. .22^{k}5×3. . . . . . . 67^{k}5

Soit au total . . . 2.017^{k}5

Le trèfle laisse des racines dans le sol, lesquelles sont riches en azote.

D'après Boussingault 1 hectare de tréfière donnerait 2.000 kilogrammes de racines présentant 1.547 kilog. de matières sèches renfermant 27 kil. 840 gram. d'azote ; pour 30 hectares nous aurons : 27^k 840×30 = 835^k 200^g.

M. de Gasparin a trouvé pour le poids des débris et racines d'une luzerne défrichée 37.021 kilog. ; contenant à l'état frais 800 gr. d'azote pour 100 kil. de débris, soit 296 kil. pour la totalité.

D'un autre côté, M. Heuzé admet que la quantité de

racines à l'hectare est égale à 20.000 kilog. et doserait 1,11 % d'azote.

Si nous prenons une moyenne de 28.000 kil pour les racines et débris, nous aurons encore en azote :

$$\frac{28.000 \times 1,11}{100} = 310^k,800 \text{ par hectare.}$$

Comme chaque année nous enfouissons 2 hectares de vieilles luzernes, nous aurons donc $310^k,8 \times 2 = 621^k,600^g$.

D'où récapitulant les quantités d'azote fournies, nous aurons :

Fumier.	3.000 kil.	» grammes.	
Engrais minéraux. .	2.017	» 500	»
Racines de trèfle . .	835	» 200	»
Racines de luzerne. .	624	» 600	»
Total. .	6.474 kil.	300 grammes.	

Or, nos récoltes enlèvent au sol 5.970 kil. 850 grammes, il en reste donc :

6.474 kil. 300 — 5.970 kil. 850 = 503 kil. 450 grammes. pour nos terres en culture.

Voyons maintenant, par quels engrais nous donnerons l'acide phosphorique.

Nous emploierons le superphosphate, savoir :

Fumier.	2.100	kilog.
Betteraves sucrières, 300 kilog. de superphosphate dosant 16 %, soit pour 19 hectares. . . . . 48×19	912	»
Betteraves fourragères et carottes, 250 kilog. de superphosphate dosant 16 %, soit pour 8 hectares . . 40×8	320	»
Pommes de terre, 100 kilog. de su-		
A reporter. . . .	3.332	»

Report. . . . . 3.332   »
perphosphate dosant 16 %, soit pour
3 hectares. . . . . 16×3   48   »
Blé, avoine et orge, 250 kilog. de superphosphate dosant 16 %, soit pour
60 hectares. . . . . . . 40×60   2.400   »

Total. . . ‾5.780‾

Notre sol s'est donc enrichi en acide phosphorique de :
5.780 kilog.—3.389 kil. 110 grammes=2.390 kil. 890
grammes.

Nous ne nous occuperons guère de la *potasse ;* nos
terres argileuses en sont abondamment pourvues, puis
le fumier en rend des quantités suffisantes.

Nous observons donc bien la loi de la restitution, et
nous laisserons notre sol enrichi pour les récoltes qui
suivront.

Voyons maintenant la question des amendements.

Le principal amendement sera le chaulage. Il devra
fournir au sol la chaux contenue en trop faible dose,
surtout dans les terres labourables du plateau. Le chaulage sera donc fait tous les huit ans et à une dose de 40
à 50 hectolitres à l'hectare et avec d'autant plus de faci-
lité que le domaine possède un four à chaux.

CHAPITRE VI

SPÉCULATIONS DIVERSES

Vigne *(1/2 hectare)*

LA culture de la vigne est pratiquée sur une certaine échelle dans la contrée; les vins blancs de Tannay jouissent d'une bonne réputation dans le pays ainsi que dans les départements limitrophes.

Au domaine, la vigne se trouve à mi-côte d'une colline regardant le nord-est. Les ceps sont plantés en lignes distantes de un mètre et les pieds sont eux-mêmes espacés de 0m90 sur la ligne.

Avant tout, j'appliquerai une bonne et forte fumure à l'automne. L'engrais sera aussi consommé que possible; il sera enfoui au moyen de fossés creusés entre les lignes, il ne séjournera sur le sol que quelques heures et par-conséquent ne pourra subir aucune évaporation.

La variété cultivée, le *pinot blanc*, sera taillé à trois yeux; les sarments provenant de la taille seront mis en bottes ou javelles qui resteront la propriété du vigneron.

En mai, les nouvelles pousses ou verges sont attachées ou piquet ou échalas placé à cet effet et celà au moyen de liens en osier ou en paille. La vigne sera tenue dans un parfait état de propreté; à cet effet elle recevra deux piochages en temps opportun.

La seule maladie à combattre est le mildew (champignon blanc), qui se développe sous la feuille; celle-ci jaunit, présente de nombreuses aspérités, sèche et tombe, si bien qu'en très peu de temps la vigne envahie, privée de ses feuilles ne peut plus ni végéter, ni mûrir son fruit.

Dès le mois de juin, selon l'état d'avancement de la température, un premier traitement préventif sera fait au moyen de la bouillie bordelaise dans la proportion de 3 kil. de sulfate de cuivre et 1^{k}500 de chaux grasse, pour 100 litres d'eau; cette bouillie est due à M. Maillardet le célèbre professeur Bordelais.

A ce premier traitement on emploiera : 400 litres à l'hectare. Vers la mi-juillet la vigne recevra un second sulfatage; on mettra environ 500 litres à l'hectare.

L'épandage sera fait avec le pulvérisateur l'*Eclair*.

Compte de culture. — *Vigne 1/2 hectare*

DÉBIT			CRÉDIT		
Valeur locative.	43	65	9 feuillettes de vin de 136 litres chacune à		
Fumure 10.000 k. à 10 fr. les 1.000 k. . .	100	»	48 fr. l'une, futaille non comprise . . .	432	»
Taille, accolage, façons, etc.	95	»	35 litres d'eau-de-vie à 1 fr. 50	52	50
Frais généraux de vendange, réparation des			TOTAL.	484	50
tonneaux, entretien des échalas . . .	53	»			
Frais de distillation	7	50	TOTAL du crédit. . 484 fr. 50		
Arrosage 13ᵏ5 de sulfate de cuivre, 6ᵏ75 de			TOTAL du débit . . 354 »		
chaux grasse avec 450 litres d'eau, épan-			BÉNÉFICE. . . 130 fr. 50		
dage compris	15	»			
Intérêt du matériel	23	»	D'où un bénéfice de 130 fr. 50 pour 1/2 hect.		
Intérêt des capitaux engagés	16	85			
TOTAL.	354	»			

Jardin et Verger (*1 hectare 1/2*)

Le jardin occupe une grande superficie et produit abondamment les légumes nécessaires aux besoins de l'exploitation. Comme on le sait les légumes constituent une nourriture aussi variée que saine et substantielle base de l'alimentation de l'homme vivant à la campagne.

Mathieu de Dombasle l'a dit avec l'autorité de sa vieille expérience : « Rien ne contribue davantage au bien-être des familles et à l'entretien de la santé de la population rurale que l'abondance des légumes bien choisis, qu'il est facile de se procurer pendant tout le cours de l'année.»

Au jardin, la jachère, le chômage n'y ont pas leur place.

Une plante doit immédiatement succéder à une autre.

Notre jardin n'est pas exclusivement planté de légumes ; une partie est entièrement consacrée aux arbres fruitiers, ce qui n'empêche pas d'en trouver encore dans les carrés des légumineux.

Tant dans le verger que sur le bord des chemins, le domaine possède, en plein rapport, environ 400 pieds de noyers.

Dans le jardin, nous cultivons les aliments nécessaires aux rongeurs de la basse-cour ; là également nous expérimenterons les nouvelles variétés des plantes que nous avons l'intention de faire entrer dans la grande culture.

Les couches sont la base d'un jardin ; nous en établierons donc, en mélangeant du fumier avec du terreau ; créées à différents endroits, chaque année, elles serviront à cultiver les primeurs pour la famille.

Une partie du jardin sera affectée aux légumes verts vivaces, tels que les artichauts et les asperges.

L'autre sera occupée par des pommes de terre, des poireaux, des choux, des oignons, des salades, du céléri, des épinards, des pois, des haricots, des tomates, etc...

Outre le fumier de ferme, nous continuerons l'emploi des engrais chimiques, qui ont déjà fait leur preuve.

Les murs sont garnis de treilles et de palmettes, les autres arbres sont en fuseaux, en couronnes, en corbeilles et en pyramides.

Comme variétés de pommes, nous pourrons citer : la reinette du Canada, la pomme d'api, la calville. Quant aux poires, elles appartiennent aux variétés suivantes : Doyenné d'été, william, louise-bonne, poire-de-curé, doyenné d'hiver, duchesse de Berry.

Nous nous attachons surtout à avoir des variétés hâtives, demi-hâtives et tardives.

Mais, pour que ces arbres puissent donner en quantité de bons fruits, il leur faut des soins spéciaux. La taille demande le plus important. Elle a pour but : de donner et conserver aux arbres une forme telle que la sève soit également répartie entre toutes les branches ; de faire fructifier les arbres et d'obtenir de beaux produits.

Les mousses et lichens, servant de refuge à une multitude d'insectes, seront détruits par l'emploi judicieux du sulfate de fer dissout dans l'eau, qu'on injectera sur le tronc et les branches au moyen d'un pulvérisateur.

Comptes des Jardin Potager et Verger. — *1 hectare 1/2*

DÉBIT			CRÉDIT		
Valeur locative	130	90	Récolte de légumes estimés	1.020	»
Fumier absorbé 35.000 k. à 9 fr. les 1.000 k.	315	»	Récolte de fruits estimés	468	»
3.000 k. de nitrate de soude à 22 fr. les 100 k.	66	»	Vente de 260 hect. de noix à 10 fr. l'hect. .	2.600	»
600 k. de superphosphate à 8 fr. les 100 k. .	48	»	Total.	4.088	»
Jardinier 480 fr. + 1 fr. nourriture par jour.	845	»			
235 journées d'hommes à 3 fr. 25	763	75	Total du crédit. . 4.088 fr. »		
Achat de semences et d'arbres	92	»	Total du débit . . 2.393 10		
Achat d'instruments	18	50	Bénéfice. . . 1.694 90		
Intérêts des capitaux engagés	113	95			
Total.	2.393	10	Bénéfice pour 1 hect. 1/2 1.694 fr. 90		

Tuilerie et Four à chaux

L'exploitation comprend également une tuilerie, celle-ci n'offre d'intérêt qu'au point de vue du four à chaux qui s'y trouve annexé, et au point de vue du produit qu'il fournit à très bon compte à l'exploitation. Un homme, habitant au village voisin, a la charge de tout, sauf de la vente.

Généralement, quatre cuissons par an suffisent; chaque cuisson revient à 540 francs se détaillant ainsi :

Frais de manutention . . .	250 fr.
Charbon, 80 hect. à 3 fr. . .	240
Cuisson	50
Total	540 francs.

Les recettes sont de 655 francs, savoir :

Vente de 120 hect. de chaux à 1 fr. 50.	180 fr.
Vente de 2.000 briques à 50 fr. le mille.	100
Vente de 15.000 tuiles à 25 fr. le mille.	375
Total	655 francs.

D'où un bénéfice de 655—540 = 115 par cuisson et pour quatre 115×4 = 460 fr. bénéfice annuel.

Moulin

Comme nous l'avons dit plus haut, nous sous-louons un moulin et 20 hect. de prés ; le tout pour une somme de 5.250 fr. ce qui remet la location de l'hectare à 87 fr. 25 au lieu de 95 fr. 30.

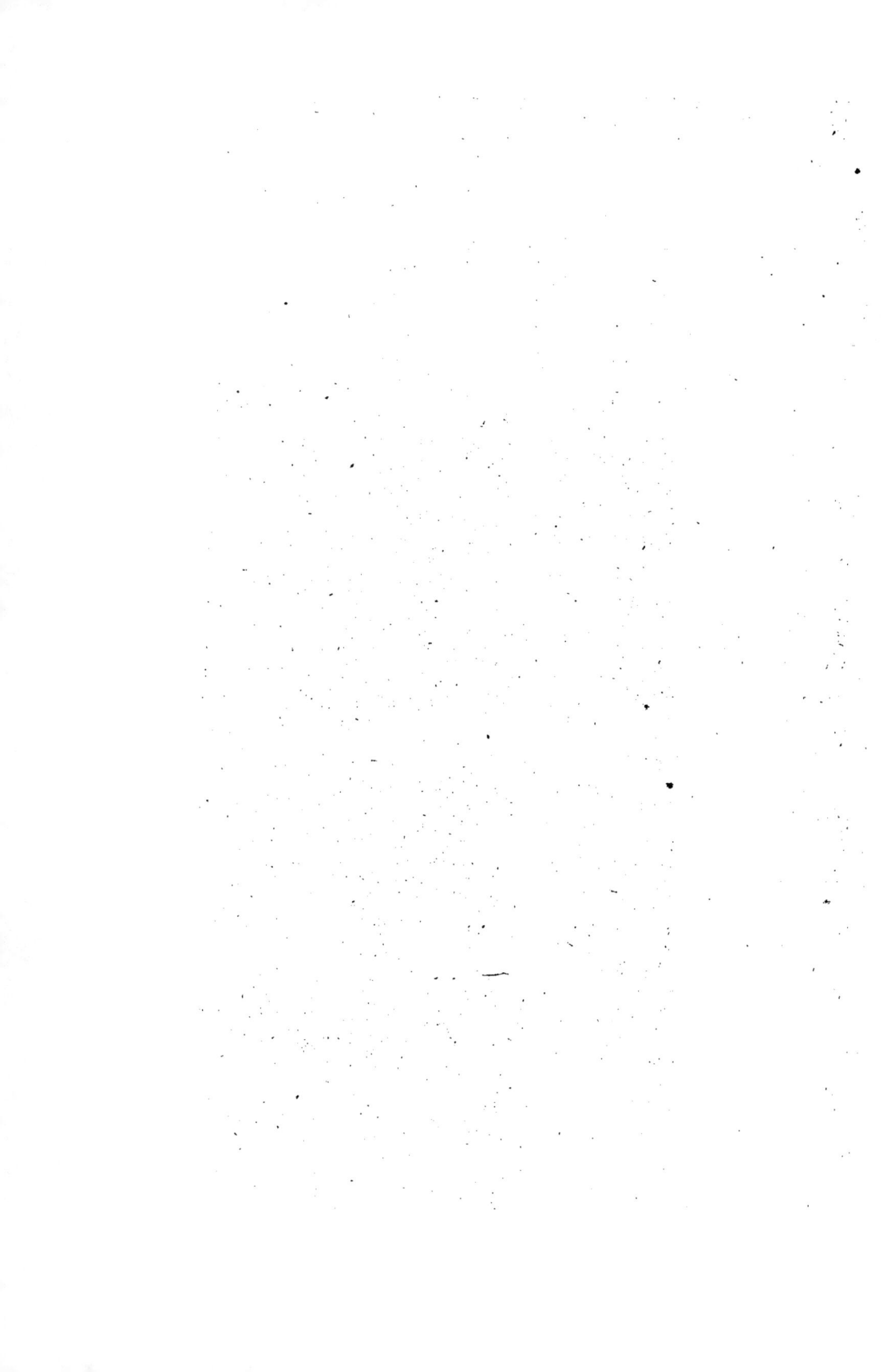

CHAPITRE VII

COMPTABILITÉ

Si la comptabilité est nécessaire dans le commerce et l'industrie, elle ne l'est pas moins pour tout agriculteur sérieux. Sans elle, comment se rendre compte si le travail est lucratif ? De plus, cet homme, surtout de nos jours où les transactions sont si nombreuses et si variées, n'est-il pas, à la fois, commerçant et industriel. Le cultivateur est maintenant créateur et transformateur.

Dans bien des exploitations agricoles, ce précieux moyen de se rendre compte est négligé ; c'est très fâcheux, car si la comptabilité était mise en pratique, nos routiniers ne s'entêteraient peut-être plus, à faire certaines cultures, qui dans les conditions actuelles, sont ruineuses.

Généralement, à la campagne, on a peu le temps et, disons-le, peu de goût à s'installer à son bureau. Il faut donc avoir une comptabilité simple et à la fois précise.

Nous tiendrons les livres suivants :

1º Brouillard

2º Grand-Livre

3º Journal-Caisse.

Le *Brouillard* ou main-courante est un registre sur lequel on inscrit, à la suite les unes des autres et à mesure qu'elles ont lieu, toutes les opérations qui ont rapport à la ferme ; ventes, achats, paiements, recettes, cultures, engrais appliqués, variations atmosphériques ; en un mot tout ce qui peut intéresser le cultivateur.

Le *Grand-Livre* résumera les écritures du brouillard ; il sera divisé en quatre parties, renfermant chacune des comptes séparés, dont l'ensemble constituera la totalité des opérations de la ferme. Dans la première, nous mettrons tout ce qui regarde les cultures ; dans la seconde, ce qui concerne les animaux de travail ; dans la troisième, ce qui a pour objet ceux de rente et de produit ; elle comprendra nos animaux d'élevage et les bœufs de travail, ainsi que les moutons à l'engrais ; enfin, en dernier lieu, nous aurons tout ce qui regarde l'engraissement des bovidés et l'élevage des poulains.

Le *Journal Caisse* servira à relater les dépenses et les recettes ; ce qui permet par une simple soustraction de vérifier l'état de la caisse.

Nous aurons de plus un livre spécial qui portera l'inventaire annuel ; de cette façon nous aurons l'état estimatif de tout ce que nous possèderons ; autrement dit du capital d'exploitation. L'inventaire sera fait chaque année, le 1er mai, époque ordinaire de l'entrée en ferme.

INVENTAIRE GÉNÉRAL DE LA FERME

En date du 1er Mai 1896

NOMBRE d'objets	DÉSIGNATION DES OBJETS	ESTIMATION détaillée FRANCS	ESTIMATION sommaire FRANCS
	ACTIF		
	CHAPITRE Ier. – Mobilier Mort		
	ART. Ier. — *Mobilier de Ménage.*		
	Vaisselle, batterie de cuisine, lampes, poëles, tables, chaises, lits, linge etc. etc.		3500
	ART. II. — *Buanderie.*		
5	Grands baquets	25	
	Fourneaux, chaudières et seaux.	60	
1	Baratte à main, pressoirs, moules à fromages.	15	
2	Balances et leurs poids, planches et divers objets.	20	120
	ART. III		
	Mobilier des greniers à grains.		
5	Tarares	250	
4	Mesures pour grains . . .	10	
6	Pelles en bois, râteaux, balais .	24	
40	Sacs de toiles à 1 fr. . . .	40	
2	Trieurs.	360	
2	Brouettes à sacs	20	
3	Bascules et leurs poids à 50 fr. l'une	150	854
	ART. IV. — *Outils à main.*		
4	Bèches	8	
12	Pelles	15	
	A reporter. . .	23	4474

NOMBRE d'objets	DÉSIGNATION DES OBJETS	ESTIMATION détaillée	sommaire
		FRANCS	FRANCS
	Report. . .	23	4474
15	Fourches dont 6 à faner . . .	30	
4	Faux nues ou armées	12	
12	Binettes.	15	
15	Haches, scies, coignées, coins .	25	
12	Brouettes	96	
4	Enclumes et marteaux	6	207
	Art. V. — *Mobilier d'Écurie.*		
2	Coffres à avoine en chêne, manne à 2 fr.	40	
2	Harnais chevaux de maître . .	300	
1	Harnais pour âne	40	
1	Harnais à tous usages . . .	80	
4	Harnais complets pour limoniers	200	
10	Colliers, brides, traits, licol, bridons, selles, colerons . . .	150	
35	Licols à 2 fr.	70	
	Cordeaux-fouets	8	
4	Attelages complets de traits en chaines pour voitures à 2 roues à 20 fr.	80	
	Lanternes, seaux, balais, tourches, étrilles, peignes, brosses, éponges	30	
6	Fourches, 3 balais, 4 pelles, 3 lanternes.	25	1023
	Art. VI		
	Mobilier de la Vacherie et de la Bouverie		
200	Chaines d'attaches en fer à 1 fr. 50	300	
18	Garnitures de bœufs, chaines, etc.	300	
10	Lanternes, fourches, pelles, balais	60	
12	Crocs à fumier	24	
4	Seaux à lait	8	
8	Mannes.	16	
6	Coffres à son	48	
	A reporter. . .	756	5704

NOMBRE d'objets	DÉSIGNATION DES OBJETS	ESTIMATION détaillée FRANCS	ESTIMATION sommaire FRANCS
	Report. . .	756	5704
	Instruments de pansage . . .	50	806
	Art. VII. — *Bergerie*		
10	Auges et rateliers mobiles. . .	50	
5	Baquets mobiles à 3 fr. . . .	15	65
	Art. VIII. — *Porcherie*		
3	Seaux en fer	6	
	Instruments de pansages . . .	12	18
	Art. IX. — *Poulailler et Clapier*		
	Nids à pondre et à couver, per- choirs	25	
	Auges en bois pour lapins . .	5	
4	Cages à poulets	6	36
	Art. X. — *Mobilier des granges*		
4	Tabliers semoirs.	10	
1	Bâche imperméable de 30 m² à 2 fr..	60	
	Pelles, râteaux, balais	6	76
	Art. XI. — *Mobilier de caves*		
35	Futailles	210	
	Bouteilles et divers	90	
4	Saloirs	40	340
	Art. XII. — *Mobilier roulant*		
4	Herses dont 2 articulées . . .	160	
2	Extirpateurs	300	
1	Scarificateur	150	
6	Charrues et leurs traîneaux à 80 fr.	480	
	A reporter. . .	1090	7045

NOMBRE d'objets	DÉSIGNATION DES OBJETS	ESTIMATION détaillée FRANCS	ESTIMATION sommaire FRANCS
	Report...	1090	7045
4	Rouleaux	400	
4	Chariots	1000	
2	Charrettes	500	
5	Tombereaux	1000	
1	Houe à cheval perfectionnée.	120	
1	Semoir	600	
3	Faucheuses	1200	
1	Pressoir	650	
2	Râteaux à cheval	500	
1	Hache-paille	50	
4	Coupe-racines	200	
3	Voitures de maîtres	2400	
1	Camion	250	9960
	Total du mobilier agricole.		17005

CHAPITRE II. — Denrées en magasin

ART. I. — *Fourrages et Pailles*

	45.000 kilos de trèfle à 50 fr. les 1.000 kil.	2250	
	20.000 kilos de luzerne à 50 fr. les 1.000 kil.	1000	
	40.000 kilos de paille à 36 fr. les 1.000 kil.	1440	4690

ART. II. — *Racines et tubercules*

	1.200 kilos de pomme de terre à 3 fr. 50 les 100 kil.	43	43

ART. III. — *Grains*

	120 hectolitres d'avoine à 8 fr. l'hectolitre	960	
	32 hectolitres de blé à 16 fr. l'hectolitre	512	
	9 hectolitres d'orge à 9 fr. l'hectolitre.	81	1553
	A reporter.		6286

NOMBRE d'objets	DÉSIGNATION DES OBJETS	ESTIMATION détaillée	ESTIMATION sommaire
	Report. . .		6286
	ART. IV. — *Fumier et Engrais*		
	18.000 kilog. de fumier à 8 fr. les 1000 kil	144	
	600 kilog. de nitrate de soude à 22 fr. les 100 kilog. . . .	132	
	500 kilog. de superphosphate à 8 fr. les 100 kilog.	40	
	10 hectolitres de chaux à 1 fr. 50 l'hectolitre	15	331
	ART. V. — *Provisions de ménage*		
	32 hectol. de vin à 38 fr. l'hect.	1216	
	Diverses denrées servant à la cuisine.	250	
5000	Fagots à 40 fr. le mille. . . .	200	
	Gros bois et charbon	160	1826
	Total des denrées en magasin.		8443

RÉSUMÉ DU MOBILIER MORT

CHAPITRE I. — Mobilier agricole. 17.005
CHAPITRE II. — Denrées en magasin. 8.443
Total. 25.448

	CHAPITRE III — Mobilier vivant		
	ART. I. — *Écurie*		
15	Chevaux à 800 fr.	12000	
25	Poulains de un an 450 fr. l'un .	11250	
1	Ane	95	23345
	ART. II. — *Bouverie et vacherie*		
40	Vaches à veau à 500 fr. l'une. .	20000	
30	Veaux d'un mois environ à 120 fr. l'un	3600	23600
	A reporter. . .	23600	23345

NOMBRE d'objets	DÉSIGNATION DES OBJETS	ESTIMATION détaillée	ESTIMATION sommaire
	Report. . .	23600	23345
34	Veaux d'un an à 310 fr. l'un . .	10540	
34	Génisses ou bœufs à 480 fr. . .	16320	
1	Taureau à 900 fr.	900	
12	Bœufs de travail à 625 fr. . .	7500	
12	Bœufs de travail à 725 fr. . .	8700	
155	Bœufs ou vaches à l'engrais à 540 fr.	83700	151260
	ART. III. — *Porcherie*		
6	Porcs ou truies à 100 fr. l'un. .	600	600
	ART. IV. — *Basse-cour*		
280	Volailles et lapins	560	
4	Chiens à 25 fr.	100	660
	Total du mobilier vivant.		175865
	CHAPITRE IV. — Emblavures.		
1	Betteraves sucrières : 19 hectares ; 1 labour profond et 1 moyen 40 fr. + 24 fr. ; 10.000 k. de fumier 100 fr. ; nitrate 75 k. à 16 fr.50 ; superphosphate 250 k., 20 fr. ; 2 hersages 10 fr. ; 2 roulages 8 fr. ; semences 20 kil. et frais 27 fr. soit à l'hectare. . . . 245 fr. 50	4663 50	
2	Betteraves fourragères : 4 hectares 1/2 ; 1 labour profond et 1 moyen 64 fr. ; 10.000 kil. de fumier 100 fr. ; nitrate 100 kil. 22 fr. ; superphosphate 250 kil 20 fr. ; 2 hersages et 2 roulages 18 fr. ; semence 15 kil. et frais 20 fr. 25 soit à l'hectare 254 fr 25.	1144 12	5807 42
3	Pommes de terre, 3 hectares un labour profond et un moyen 59ᶠ		
	A reporter. . .		5807 62

NOMBRE d'objets	DÉSIGNATION DES OBJETS	ESTIMATION détaillée	sommaire
	Report. . .		5807 62
4	10.000 k. de fumier 100 fr. ; 100 kil. de superphosphate 8 fr. ; 50 kil. de chlorure 10 fr. 2 hersages et roulages 18 fr. ; semis 25 hect. et frais 125 fr. soit à l'hectare 320 fr. . . .	960 »	
5	Carottes, 3 hectares 1/2 ; 1 labour profond et un moyen 62 fr. ; 10.000 kil. de fumier 100 fr. ; 100 kil. de nitrate 22 fr. ; 250 kil. de superphosphate 20 fr. ; 2 hersages et roulages 18 fr. semence 8 k. et frais 16 fr. soit à l'hectare 248 fr. . . .	868 »	
6	Blé, 30 hectares ; 1 labour moyen 24 fr. ; 10.000 kil de fumier 100 fr. ; 150 kil. de nitrate 33 fr. ; 250 kil de superphosphate 20 fr. ; 3 hersages et 1 roulage 20 fr. ; semence 180 litres et frais 50 fr. soit à l'hectare 247 fr.	7410 »	
7	Trèfle, 30 hectares ; semence de 25 kil. et frais à 1 fr. 40, 35 fr. estimation du fourrage 120 fr. soit à l'hectare 155 fr. . . .	4650 »	
8	Avoine, 27 hectares ; 1 labour profond et un moyen 40+24, 64 fr. ; 150 kil. de nitrate 33 fr 250 kil. de superphosphate 20 fr. ; 2 hersages et 1 roulage 14 fr. semence 225 litres 20 fr., soit à l'hectare 151	4077 »	
9	Orge, 3 hectares ; 1 labour profond et un moyen 64 fr. ; 150 kil. de nitrate 33 fr. ; 250 kil. de superphosphate 20 fr. ; 2 hersages et 1 roulage 14 fr. ; semence 200 litres 20 fr. soit à l'hectare 151 fr.	453 »	18418 »
	Luzerne, 8 hectares ; semence de 20 kil. à 28 fr. estimation		24225 62
	A reporter. . .		

NOMBRE d'objets	DÉSIGNATION DES OBJETS	ESTIMATION détaillée	ESTIMATION sommaire
	Report. . .		24225 62
	du fourrage 110 fr. pour 2 hectares, soit 138 fr. $\times$ 2, estimation pour 6 hectares 130 fr. $\times$ 6 soit.	1056 »	
10	Vignes, 1/2 hectare ; 10.000 kil. de fumier 100 fr. ; travaux d'hiver 80 fr. ; estimation 175 fr. ; soit à l'hectare 550 fr. . . .	275 »	
11	Jardin : 1 hectare 1/2 : fumier 30.000 kil. 270 fr. ; nitrate 200 kil. 44 fr. ; 400 k. de superphosphate 24 fr. ; journées d'hommes 487 fr. ; frais divers 280 fr. ; estimation 390 fr. ; soit à l'hectare 995 fr. 35. . . .	1493 »	
12	Prairies 254 hectares ; frais et amendements 24 fr. 10 ; estimées 62 fr ; soit à l'hectare 106 fr, 10	26949 40	
13	Chaulage de 10 hectares à raison de 40 hect. de chaux à l'hectare soit 40 $\times$ 1 fr. 50, 60 fr. .	600 »	30373 40
	Total des emblavures. .		54599 02
	Chapitre V. — Caisse		
	Espèces.	3750 »	3750 »
	Chapitre VI. — Débiteurs divers		
	Débiteurs divers	4800 »	4800 »

RÉSUMÉ DE L'ACTIF

Chapitre I. — Mobilier Mort	17005 »
Chapitre II. — Denrées en magasin.	8443 »
Chapitre III. — Mobilier vivant	175865 »
Chapitre IV. — Emblavures	54599 02
Chapitre V. — Caisse	3750 »
Chapitre VI. — Débiteurs divers.	4800 »
Total de l'actif.	264462 02

PASSIF

Dû pour frais d'achat depuis le 1er Mars 45000f plus l'intérêt à 5 0/0 jusqu'à ce jour	45375 »
Total du passif.	45375 »

BILAN

Montant de l'actif	264.462 02
Montant du passif	45.375 »
Total. . .	219.087 02
A déduire le capital de réserve . .	12.000 »
Il reste comme capital d'exploitation	207.087 02

Ce qui représente un capital de 538 francs 60 par hectare.

COMPTE DES CULTURES ET DES ANIMAUX

Betteraves Sucrières. — *19 hectares*

DÉBIT			CRÉDIT		
Valeur locative et impôts	87	25	30.000 k. de tubercules payés à 7° 19 f. plus		
Fumure 20.000 k. dont moitié absorbé, à			0,60 par dixième de degré en plus ; den-		
raison de 10 fr. les 1.000 k.	100		sité moyenne 7°6 soit une valeur de 22 fr. 60		
150 k. de nitrate de soude à 22 fr. les 100 k.	33		les 1.000 k.	678	»
300 k. de superphosphate à 8 fr. les 100 k.	24		10.000 k. de feuilles.	30	»
1 labour profond et 1 moyen 40 + 24 . . .	64		TOTAL.	708	»
2 hersages et 2 roulages 5 + 4	18				
Semis de 20 k. de graine à 1 fr. 35. . . .	27		TOTAL du crédit. . 708 fr. »		
2 binages et 1 démariage	85		TOTAL du débit . . 634 55		
Arrachage et mise en tas	40		BÉNÉFICE. . . 73 45		
Chargement et transport	45				
Voyage par le chemin de fer.	81	10	Soit pour 19 hectares 73,45×19 = 1.395 fr. 55		
Intérêts des capitaux engagés à 5 0/0 . . .	30	20			
TOTAL.	634	55			

Betteraves Fourragères. — *4 hectares 1/2*

DÉBIT			CRÉDIT		
Valeur locative et impôts	87	25	Valeur de 40.000ᵏ de tubercules à 12 fr. 50		
Fumure 20.000 k. dont moitié absorbé à			les 1.000 k.	500	
raison de 10 fr les 1.000 k.	100	»	Feuilles et fanes 12.000	35	
200 k. de nitrate de soude à 22 fr. les 100 k.	44	»	Total.	535	
250 k. de superphosphate à 8 fr. les 100 k.	20	»			
1 labour profond et 1 moyen 40 + 24 . . .	64	»	Total du crédit. . 535 fr. »		
2 hersages et 2 roulages 5 + 4	18	»	Total du débit . . 490 35		
Semis 15 k. de graine à 1 fr. 35.	20	25	Bénéfice. . . 44 65		
2 binages et 1 démariage	60	»	Soit pour 4 hect. 1/2 44,65×4,5=200 fr. 92		
Arrachage, transport, emmagasinage . . .	53	50			
Intérêts des capitaux engagés	23	35			
Total.	490	35			

Pommes de terre (*3 hectares*)

DÉBIT			CRÉDIT		
Valeur locative et impôts	87	25	Valeur de 16.000 k. de pommes de terre à		
Fumure 20.000 k. dont moitié absorbé à			35 fr. les 1.000 k.	560	»
raison de 10 fr. les 1.000 k.	100	»	Tiges et feuilles	10	»
50 k. de chlorure de potassium à 20 fr. les			TOTAL.	570	»
100 kilos.	10	»			
100 k. de superphosphate à 8 fr. les 100 k. .	8	»	TOTAL du crédit. . 570 fr. »		
1 labour profond et 1 moyen 35 + 24 . . .	59	»	TOTAL du débit . . 517 70		
3 hersages et 1 roulage.	19	»	BÉNÉFICE. . . 52 30		
Semis de 25 hect. à 5 fr. l'un, frais compris	125	»			
Binage et buttage	25	»	Soit pour 3 hect. : 52,30 × 3 = 156 fr. 90		
Arrachage et transport.	50	»			
Intérêts des capitaux engagés	24	45			
TOTAL.	517	70			

Carotte. — *3 hectares 1/2*

DÉBIT			CRÉDIT		
Valeur locative et impôts	87	25	Valeur de 25.000 k. de carottes à 20 fr. les		
Fumure 20.000ᵏ dont moitié absorbé, à rai-			1.000 k.	500	»
son de 10 fr. les 1.000 kil.	100	»	10.000 k. de fanes	35	»
200 k. de nitrate de soude à 22 fr. les 100 k.	44	»	TOTAL.	535	»
250 k. de superphosphate à 8 fr. les 100 k.	20	»			
1 labour profond et 1 moyen 38 + 24 . . .	62	»	TOTAL du crédit. . 535 fr. »		
2 hersages et 2 roulages 5 + 4	18	»	TOTAL du débit . . 448 60		
Semis de 8 k. de graine et frais	16	»	BÉNÉFICE. . . 86 fr. 40		
2 binages et 1 démariage	40	»			
Arrachage et transport.	40	»	Soit pour 3 h. 1/2 : 86,40 × 3,5 = 302 fr. 40.		
Intérêts des capitaux engagés	21	35			
TOTAL.	448	60			

Blé. — *30 hectares*

DÉBIT			CRÉDIT		
Valeur locative et impôts	87	25	Récolte de 25 hect. de grain à 17 fr. 75 les		
Fumier absorbé 10.000 k. à 10 les 1.000 k.	100	»	100 k. (l'hect. 75 k.)	332	80
150 k. de nitrate de soude à 22 fr. les 100 k.	33	»	4.000 k. de paille à 36 fr. les 1.000 k. . .	144	»
250 k. de superphosphate à 8 fr. les 100 k.	20	»	TOTAL.	476	80
Valeur des fanes de la sole précédente . .	32	50			
1 labour moyen	24	»	TOTAL du crédit. . 476 fr. 80		
2 hersages	10	»	TOTAL du débit . . 468 55		
Semence 180 litres et frais	50	»	BÉNÉFICE. . . 8 25		
1 hersage et 1 roulage (demi frais avec					
trèfle)	4	50	Soit pour 30 hectares : 8,25 × 30 = 247 f. 50		
Moisson et transport 30 + 20.	50	»			
Battage et nettoyage.	35	»			
Intérêts des capitaux engagés	22	30			
TOTAL.	468	55			

Trèfle. — *30 hectares*

DÉBIT			CRÉDIT		
Valeur locative et impôts	87	25	Récolte de 5.000 k. de fourrage à 50 fr. les		
1 hersage et 1 roulage (moitié frais avec blé)	4	50	1.000 k.	250	»
Semis 25 k. à 1 fr. 40, frais compris . . .	35	»	TOTAL.	250	»
Fauchage, 2 coupes 15 + 10	25	»			
Séchage et fanage	20	»	TOTAL du crédit. . 250 fr. »		
Transport et emmagasinage	25	»	TOTAL du débit . . 206 60		
Intérêts des capitaux engagés	9	85	BÉNÉFICE. . . 43 40		
TOTAL.	206	60			

Soit pour 30 h. : 43,40 × 30 = 1.302 fr.

Avoine. — *27 hectares*

DÉBIT			CRÉDIT		
Valeur locative et impôts	87	25	Récolte 35 hect. de grains à 15 fr. 75 les		
150ᵏ de nitrate de soude à 22 fr. les 100 k. .	33	»	100 k. (l'hect. 45 kil.)	248	10
250 k. de superphosphate à 8 f. les 100 k. .	20	»	4.000 k. de paille à 34 fr. les 1.000 k. . . .	136	»
1 labour profond et 1 moyen	64	»	TOTAL.	384	10
2 hersages et 1 roulage.	14	»			
Semence 2 hect. 1/4 et frais	20	»	TOTAL du crédit. . 384 fr. 10		
Moisson et transport	45	»	TOTAL du débit . . 334 ·15		
Battage et nettoyage	35	»	BÉNÉFICE. . . 49 95		
Intérêts des capitaux engagés	15	90			
TOTAL.	334	15	Soit pour 27 hectares : 49,95 × 27 = 1.348 f. 65		

Orge. — *3 hectares*

DÉBIT			CRÉDIT		
Valeur locative et impôts	87	25	Récolte de 30 hect. d'orge à 13 fr. 50 les 100		
150 k. de nitrate de soude à 22 fr. les 100 k.	33	»	kil. (l'hect. 70 kil.)	283	50
250 k. de superphosphate.	20	»	3.500 k. de paille à 32 fr. les 1.000 kil. . .	112	»
1 labour profond et 1 moyen.	64	»	TOTAL.	395	50
2 hersages et 1 roulage.	14	»			
Semence 2 hect. à 10 fr. l'hect. . . .	20	»	TOTAL du crédit. . 395 fr. 50		
Moisson et transport	45	»	TOTAL du débit . . 334 fr. 15		
Battage et nettoyage.	35	»	BÉNÉFICE. . . 61 fr. 35		
Intérêts des capitaux engagés	15	90			
TOTAL.	334	15	Soit pour 3 hect. : 61,35 × 3 = 184 fr. 05		

Luzerne. — *8 hectares*

DÉBIT			CRÉDIT		
Valeur locative et impôts	87	25	6.000 k. de luzerne à 50 fr. les 1.000 k. . .	300	»
1 hersage	4	»	TOTAL.	300	»
Fauchage, 2 coupes 15 + 10	25	»			
Séchage et fanage	20	»	TOTAL du crédit. . 300 fr. »		
Transport	30	»	TOTAL du débit . . 174 55		
Intérêts des capitaux engagés à 5 % . . .	8	30	BÉNÉFICE. . . 125 45		
TOTAL.	174	55			
A déduire :			Soit pour 8 hectares un bénéfice de		
Semence 20 k. de luzerne . . . 28 fr »			1.003,60 — 56 = 947 fr. 60		
Soit pour 2 hect. chaque année . 56 fr »					

Ecurie. — *1 âne*

DÉBIT			CRÉDIT		
Nourriture pendant 2 mois :			Valeur de 4.500 kil. de fumier à 7 fr. 50 les 1.000 kil.	33	75
3 litres d'avoine. . 0 fr. 24 ⎫					
6 kil. de luzerne. . 0 25 ⎬ 0 fr. 77			TOTAL.	33	75
8 kil. de paille . . 0 28 ⎭					
Soit pour 60 jours : 0,77×60	46	20	TOTAL du débit . . 293 fr. 85		
Nourriture pendant 4 mois :			TOTAL du crédit. . 33 75		
6 kil. de carotte. . 0 fr. 12 ⎫			DIFFÉRENCE. . . 260 10		
6 kil. de luzerne. . 0 25 ⎬ 0 fr. 65					
8 kil. de paille . . 0 28 ⎭			En admettant 275 journées de travail, la journée de travail revient donc à :		
Soit pour 120 jours : 0 fr. 65×120 . .	78	»			
6 mois à l'herbage à raison de 0 h. 50 arcs pour la saison[1] soit.	56	»	$$\frac{260^f,10}{275} = 0^f,95$$		
Frais divers : bourrelier, ferrure, etc. . .	43	75			
Part des domestiques	60	»			
Intérêt du matériel	1	35			
Intérêt des animaux à 5 %.	4	75			
Risques et pertes, 4 % de la valeur de l'animal..	3	80			
TOTAL.	293	85			

(1) Nous donnons dans chaque compte l'étendue et la valeur du sol qu'il faut pour entretenir pendant toute la saison une tête, cette étendue varie selon l'âge, l'espèce et aussi le temps que les animaux pâturent ; ainsi l'hectare revenant à 112 fr., les 50 ares seront donc estimés 56 fr.

DÉBIT			CRÉDIT		
Nourriture pendant 4 mois :			Valeur de 105.000 k. de fumier à 7 fr. 50 les		
10 lit. d'avoine . .	0 fr. 80		1.000 k	787	50
10ᵏ de luzerne . .	0 50 } 1 fr. 66		Vente de 5 poulains à 350 fr. l'un	1750	»
10ᵏ de paille . .	0 36 }		Vente de 2 chevaux à 325 fr. en moyenne .	650	»
Soit pour 120 jours : 1,66×120 × 15. . .	2988	»	TOTAL.	3187	50
Nourriture pendant 3 mois :					
15ᵏ de carotte . .	0 fr. 30				
10ᵏ de luzerne . .	0 50 } 1 fr. 16		TOTAL du débit . . 13.556 fr. »		
10ᵏ de paille . .	0. 36 }		TOTAL du crédit. . 3.187 50		
Soit pour 90 jours : 1,16×90×15. . .	1566	»	DIFFÉRENCE. . . 10.368 50		
Nourriture à l'herbage pendant 6 mois en ad-					
mettant 0ʰ 80ᵖ par tête, soit 89 fr. 60×15.	1344	»	Soit une dépense par cheval de :		
Ferrure 20×15	300	»			
Bourrelier 30×15	450	»	$\dfrac{10.368 \text{ f. } 50}{15} = 691 \text{ fr. } 23$		
Médicaments et frais de vétérinaire . . .	60	»			
Gages des domestiques.	3480	»			
Soins, et supplément de nourriture de 5 ju-			En admettant 230 jours de travail, la jour-		
ments et de leurs poulains jusqu'à 6 mois			née de travail revient donc à :		
160×5	800	»			
Achat de 2 pouliches de 18 mois à 740 f. l'une.	1480	»	$\dfrac{691 \text{ fr. } 23}{230} = 3 \text{ fr. } 005$		
Intérêts du matériel.	38	»			
Intérêts des animaux à 5 %	600	»			
Risques et pertes 4 % de la valeur des animaux	450	»			
TOTAL.	13556	»			

Ecurie. — *(6 à 18 mois)* *25 poulains*

DÉBIT			CRÉDIT		
Nourriture pendant trois mois :			Valeur de 70.000 kil. de fumier, à raison de		
10 kil. de carotte . . 0 fr. 20			7 fr. 50 les 1.000 kil.	525	»
6 kil. de luzerne . . 0 30 } 0 fr. 79			Vente de 25 poulains de 18 mois en moyenne		
8 kil. de paille. . . 0 29			750 fr. l'un.	18750	»
Soit pour 90 jours : 0,79 × 90 × 25. . . .	1777	50	TOTAL.	19275	»
Prix d'achat de 25 poulains de 6 mois à					
350 fr. l'un en moyenne.	8750	»	TOTAL du crédit. . 19.275 fr. »		
Gages des domestiques.	175	»	TOTAL du débit . . 14.810 60		
Nourriture pendant 9 mois à l'herbage à			BÉNÉFICE. . . 4.464 40		
raison de 0 h. 80 ares par tête, soit pour					
la saison 89 fr. 60 × 25	2240	»	Soit par tête : $\dfrac{4.464^{\text{f}},40}{25} = 178^{\text{f}},60$		
Frais d'achat et de vente, 15 fr. par tête. .	375	»			
Intérêt du matériel	5	60			
Intérêt des animaux à 5 °/₀ de leur valeur.	437	50			
Pertes et risques, 12 °/₀ de leur valeur. .	1050	»			
TOTAL.	14810	60			

Vacherie. — *40 vaches et 1 taureau*

DÉBIT			CRÉDIT		
Nourriture moyenne pendant 4 mois :			Valeur de 164.000 kil. de fumier à 7 fr. 50		
10 kil. de trèfle. . . . 0 fr. 50			les 1.000 kil.	1230	»
20 kil. de betteraves . . 0 25 1 fr. 10			Vente de 5 vaches grasses à 650 fr. l'une. .	3250	»
10 kil. de paille (litière). 0 35			Valeur de 34 veaux de 6 mois à 225 fr. l'un.	7650	»
Soit pour 41 têtes et pour 120 jours :			Valeur de 6 veaux comme reproducteurs de		
110 × 41 × 120.	5412	»	6 mois à 520 fr. l'un	3120	»
Nourriture à l'herbage à raison de 0ʰ 85ᵃ par			Saillies du taureau, 10 à 5 fr.	50	»
tête et pour la saison, soit 95 fr. 20 × 41.	3903	20	Total.	15300	»
Gages des domestiques	220	»			
Achat de 5 génisses de 2 ans 1/2, à raison de			Total du crédit. . 15.300 fr.		
560 l'une.	2800	»	Total du débit . . 14.745		
Frais de vente de 5 vaches grasses à raison			Bénéfice . . . . 555 fr.		
de 15 fr.	75	»			
Intérêt du matériel	24	80	Soit par animal : $\dfrac{555}{41} = 13$ fr. 53		
Intérêt des animaux (valeur d'une vache,					
600 fr.; taureau, 900 fr.) à 5 %. . . .	1650	»			
Pertes et risques 2 %	660	»			
Total.	14745	»			

Étable. — *(De 6 à 18 mois) 34 veaux*

DÉBIT			CRÉDIT		
Nourriture pendant 3 mois :			Valeur de 64 000 kil. de fumier à 7 fr. 50 les		
3 kil. trèfle . . . 0 fr. 15 ⎫			1.000 kil.	480	»
8 kil. betterav. . . 0 10 ⎬ 0 fr. 43			Plus value de 34 animaux à 130 fr. l'un . . .	4420	»
5 kil. paille . . . 0 18 ⎭			TOTAL.	4900	»
Soit pour 90 jours : 0,43 × 90 × 34 . . .	1315	80			
Nourriture à l'herbage pendant 9 mois à			TOTAL du crédit. . 4.900 fr. »		
raison de 0 h, 50 ares par tête soit pour la			TOTAL du débit . . 3.913 »		
saison 56 × 34	1904	»	BÉNÉFICE. . . 987		
Gages des domestiques.	150	»			
Intérêt du matériel	8	50	Soit par animal : $\dfrac{987}{34} = 29^{f},01$		
Intérêt des animaux à 5 %	382	»			
Risques et pertes 2%	153	»			
TOTAL.	3913	30			

Étable. — *(De 18 à 30 mois) 34 génisses ou bœufs*

DÉBIT			CRÉDIT		
Estimation des animaux âgés de 18 mois 355 fr. l'un			Valeur de 80.000 k. de fumier à 7,50 les 1.000 k	600	»
Nourriture pendant 3 mois :			Plus value de 14 bœufs à 140 fr. l'un . .	1960	»
6 k. de trèfle . . 0 fr. 30			Vente de 20 génisses pleines à 580 fr. l'une .	11600	»
10 k. de betteraves 0 125 } 0 fr. 713			TOTAL	14160	»
8 k. de paille . . 0 288					
Soit pour 90 jours : 0,713×34×90 . . .	2181	78	TOTAL du crédit . . . 14.160 fr.		
Nourriture à l'herbage pendant 9 mois à raison de 0 hect. 65 ares pour la saison,			TOTAL {précédent . . . 5.819 68} 12.919 68		
soit : 72,80×34	2475	20	du débit{pr. de 20 génisses à 18ᵐ 7.100 »}		
Gages des domestiques.	180	»	1.240 fr. 32		
Frais de vente de 20 génisses, en moyenne 6 fr. par tête.	120	»	Soit par animal : 1.240 fr. 32		
Intérêt du matériel	9	80	────────────── = 36 fr. 48		
Intérêt des animaux à 5 %	603	50	34		
Risques et pertes à 2 %	249	40			
TOTAL.	5819	68			

Bouverie. — *(De 30 à 34 mois)* *14 bœufs*

DÉBIT		CRÉDIT	
Estimation des animaux à 3 mois 495 fr. l'un		Valeur de 42.000 kil. de fumier à 7f,50 les 1.000 kil.	315 »
Nourriture pendant 3 mois :		Vente de 2 animaux à 600 fr. l'un	1200 »
10 kil. de trèfle . . . . 0 50 ⎫		Vente au compte bœufs de travail de 12 animaux à 600 fr. l'un	7200 »
15 kil. de betterave . . 0 18 ⎬ 1.037			
10 kil. de paille . . . 0 35 ⎭		TOTAL.	8715 »
Soit pour 90 jours : 1.037 × 90 × 14 . . .	1306 62		
Nourriture à l'herbage pendant un mois à raison de 0f,34 par tête et par jour, soit pour 30 jours : 0f,34 × 30 × 14	142 80	TOTAL du crédit . . . . 8.715 fr.	
Gages des domestiques.	90 »	TOTAL {précédent . . . 1.710 52} 8.640 52	
Intérêt du matériel.	9 40	du débit {pr. des animaux à 30m 6.930 »}	
Intérêt des animaux à 5 % (pendant 4 mois)	115 50	BÉNÉFICE. . . 74 48	
Risques et pertes à 2 % (pendant 4 mois) .	46 20		
TOTAL.	1710 52	Soit par animal : $\frac{74.48}{14} = 5^f, 32$	

Bouverie. — *24 bœufs de travail.*

DÉBIT			CRÉDIT	
Achat de 6 paires de bœufs à 1.200 fr. l'une	7200	»	Valeur de 62.000 kil. de fumier à 7 fr. 50 les 1.000 kil.	465
Achat de 6 paires de bœufs à 1.400 fr. l'une.	8400	»	Travail des attelages à raison de 1 fr. 40 par jour et par paire, soit pour 150 jours de travail : 1.40 × 150 × 12.	2520
Nourriture à l'étable, un repas toutes les fois que ces animaux travaillent en moyenne 150 jours par saison :			Vente de 6 paires à 1.600 fr	9600
10 kil. de trèfle. . . 0 fr. 50 } 0 fr. 77			Vente de 6 paires à 1.800 fr.	10800
8 kil. de paille. . . 0 27 }			TOTAL.	23385
Soit 0 fr. 77 × 150 × 24.	2772	»	TOTAL du crédit . . 23.385 fr. »	
Nourriture à l'herbage : 0 h. 60 ares par tête pour la saison, soit : 67 fr. 20 × 24 . . .	1812	80	TOTAL du débit. . . 22.138 80	
Gages des domestiques.	900	»	BÉNÉFICE. 1.246 20	
Ferrures.	210	»	Soit par paire : $\dfrac{1.246,20}{12} = 103$ fr. 85	
Intérêt du matériel	12	»		
Intérêt des animaux pendant 8 mois à 5 %.	520	»	Soit par animal : $\dfrac{103.85}{2} = 51$ fr. 90	
Risques et pertes à 3 % pendant 8 mois. .	312	»		
TOTAL.	22138	80		

Bergerie. — *300 moutons à l'engrais*

DÉBIT			CRÉDIT		
Achat de 300 moutons à raison de 28 fr. 50 l'un	8550	»	Valeur de 32.000 k. de fumier à 7 fr. 50 les 1.000 kil.	240	»
Nourriture pendant 95 jours :.			Vente de 300 moutons à 46 fr. l'un. . . .	13800	»
1 kil. de luzerne . . 0 fr. 05			Total.	14040	»
1 kil. de carottes . . 0 02 } 0 fr. 1302					
0 k. 500 de betteraves 0 0002			Total du crédit. . 14.040 fr. »		
1 k. 500 de paille . . 0 054			Total du débit . . 12.864 fr. 45		
Soit pour 95 jours : 0,1302×95 ×300. . .	3710	70	Bénéfice. . . $\overline{1.175 \quad 55}$		
Gages des domestiques.	180	»			
Frais divers, achat, vente, chiens, etc. . .	240	»	Soit par animal : $\dfrac{1.175 \text{ fr. } 55}{300} = 3$ fr.92		
Intérêt du matériel	16	»			
Intérêt des animaux à 5 %. pendant 95 jours	111	55			
Risques et pertes à 2 %. pendant 95 jours .	56	20			
Total.	12864	45			

Porcherie. — *6 têtes*

DÉBIT			CRÉDIT		
Nourriture pendant 12 mois :			Valeur de 28.000 kil. de fumier à 7 fr. 50 .	210	»
3ᵏ 500 de pommes			Vente de 38 porcelets à 22 fr. l'un . . .	836	»
de terre . . . 0ᶠ 1225			Vente de 2 jeunes porcs à 45 fr. l'un . . .	90	»
0ᵏ 500 de son . 0ᶠ 052	0 fr. 4015		Vente d'un porc demi-gras.	85	»
8 kil. d'eaux gras-			Vente d'un porc gras	108	»
ses ou équivalent 0ᶠ 064			Total.	1329	»
5 kil. de paille. . 0ᶠ 16					
Soit pour 365 jours : 0.4015 × 365 × 6. . .	879	25			
Gages des domestiques.	185	»	Total du crédit. . 1.329 fr. »		
Intérêt du matériel	4	45	Total du débit . . 1.116 70		
Intérêt des animaux à 5 %.	30	»	Bénéfice 212 30		
Risques et pertes à 3 %	18	»			
Total.	1116	70	Soit par animal : $\dfrac{212^f 30}{6} = 35$ fr. 38		

Basse-Cour

DÉBIT			CRÉDIT		
45 hect. de criblures à 10 fr. l'hect. . . .	450	»	4.000 k. de fumier à 12 fr. 50 les 1.000 kil.	50	»
1.500 k. de pommes de terre à 32 f 50 les 1.000 k	48	75	60 œufs par poule à 0 fr. 85 c. la douzaine soit pour 160 : $\dfrac{60 \times 160}{12} = 80 \times 0$ fr. 85 . .	680	»
750 kil. de luzerne à 50 fr. les 1.000 k. . .	37	50	Vente de 130 poulets à 2 fr. l'un	260	»
2.000 kil. de paille à 32 fr. 25 les 1.000 k.	64	50	Vente de 40 lapins à 2 fr. 25 l'un	90	»
Débris divers	60	»	Vente de 18 dindes à 5 fr. 50 l'un	99	»
Gages des domestiques	100	»	Total.	1179	»
Intérêt du matériel	2	40			
Intérêt des animaux à 5 %	25	»			
Risques et pertes à 3 %	15	»			
Total.	803	15	Total du crédit. . 1.179 fr. »		
			Total du débit . . 803 15		
			Bénéfice. . . 375 85		

— 113 —

Engraissement { 1re Saison. — *155 bœufs ou vaches* / 2e — *120* —

DÉBIT		CRÉDIT	
1er Saison		Vente de 275 bœufs ou vaches à 650 fr. l'un en moyenne	178750 »
Achat de 155 bœufs ou vaches à 525f l'un en moyenne	81375 »	Total.	178750 »
Frais d'achat et de vente à 22 fr. par tête .	3410 »	Total du crédit. . 178.750 fr. »	
Nourriture à l'herbage 0 hect. 85 ares par animal soit $\frac{95 \text{ fr. } 20}{2} = 47 \text{ fr. } 60$, par animal pour 4 mois	7378 »	Total du débit . . 168.563 75	
Intérêt des animaux à 5 % pendant 4 mois .	1356 25	Différence. . . 10.186 25	
Risques et pertes à 2 % pendant 4 mois . .	542 50	Soit par animal : $\frac{10.186 \text{ fr. } 25}{275} = 37 \text{ fr. } 05$	
2e Saison			
Achat de 120 bœufs ou vaches à 525 fr. l'un en moyenne	63000 »		
Frais d'achat et de vente à 22 fr. par tête .	2640 »		
Nourriture à l'herbage 1 hect. 10 ares par animal soit : $\frac{123 \text{ fr. } 20}{2} = 61 \text{ fr. } 60$ par animal pour 4 mois.	7392 »		
Intérêt des animaux à 5 % pendant 4 mois .	1050 »		
Risques et pertes à 2 % pendant 4 mois . .	420 »		
Total.	168563 75		

RÉSULATS FINANCIERS
RÉALISÉS SUR LES SPÉCULATIONS DE LA FERME

CULTURES

Betteraves sucrières	1.395	55
Betteraves fourragères.	200	92
Pommes de terre	156	90
Carottes	302	40
Blé	247	50
Trèfle	1.302	»
Avoine	1.348	65
Orge	184	05
Luzerne	947	60
TOTAL.	6.085	57

SPÉCULATIONS ANIMALES

Ecurie, élevage des poulains.	4.464	40
Vacherie, vaches à veau	555	»
Compte des veaux d'élevage.	987	»
Compte des génisses et bœufs d'élevage . .	1.240	32
Bœufs d'élevage	74	48
Bœufs de travail	1.246	20
Bergerie	1.175	55
Porcherie..	212	30
Basse-Cour	375	85
Bœufs ou vaches à l'engrais (pour les deux saisons).	10.186	25
TOTAL.	20.517	35

SPÉCULATIONS DIVERSES

Vigne	130	50
Jardin et Verger.	1.694	90
Tuilerie et four à chaux	460	
TOTAL.	2.285	40
Bénéfice réalisé sur les cultures . . .	6.085	57
Bénéfice réalisé sur les animaux	20.517	35
Bénéfice réalisé sur les spéculations diverses	2.285	40
Bénéfice total de l'Exploitation. . .	28.888	32

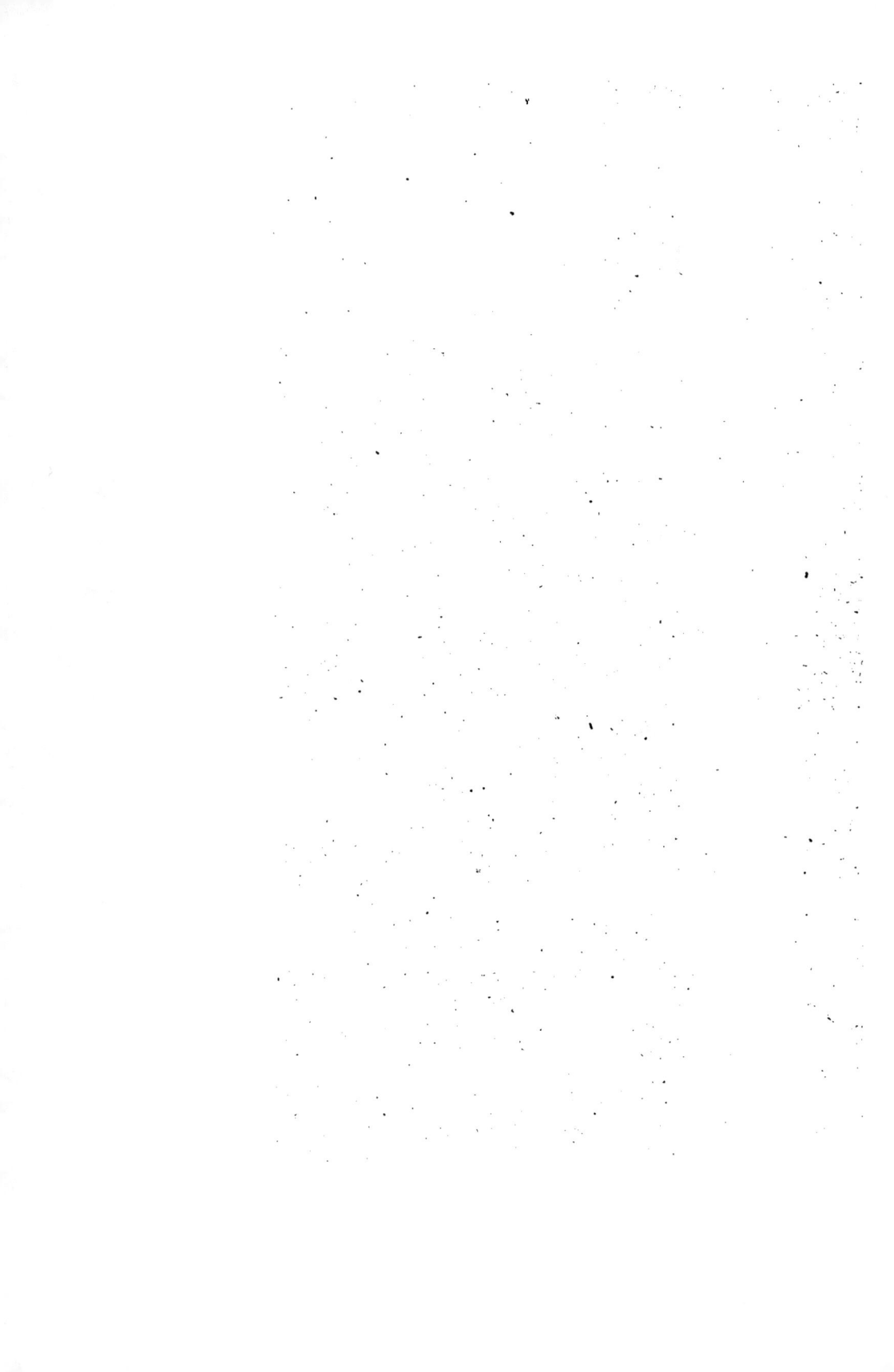

RÉSUMÉ

Si nous considérons ces résultats, ils peuvent paraître exagérés, et, cependant, ils ne le sont pas, en réalité, tous les comptes sont basés sur des rendements obtenus en année bien moyenne.

Vous me ferez remarquer, Messieurs, que l'agriculture n'est pas sans avoir à subir de nombreux accidents qui réduisent souvent de beaucoup les petits bénéfices qu'elle peut réaliser ; puis le prix des denrées peut varier considérablement suivant l'offre et la demande.

C'est pourquoi, malgré différentes spéculations qui permettent de faire des bénéfices, supposerons-nous une année sur trois où la production aurait peine à faire ses frais.

Il resterait donc, au bout de trois ans, tous frais déduits :

$$28.888 \text{ fr. } 32 \times 2 = 57.776 \text{ fr. } 64$$

Soit une moyenne par année de :

$$\frac{57.776^{\text{f}} 64}{3} = 19.258^{\text{f}} 88$$

Et pour un hectare : $\dfrac{19.258^{\text{f}} 88}{404. \ 1/2} = 47^{\text{f}} 61$

Cependant, comptant sur la protection du Ciel plus que sur notre habileté, nous espérons que les accidents auxquels nous serons exposés, ne viendront pas trop diminuer les recettes, puisant toujours au trésor inépuisable des nouveaux progrès, nous dépasserons au contraire, le chiffre des bénéfices que nous venons de trouver.

J'ai cherché dans ce travail à m'écarter le moins possible des habitudes culturales de ma région, sachant combien il faut tenir compte de l'expérience acquise et aussi à quelles difficultés l'on se heurte quand on veut marcher en dehors des sentiers battus et frayés.

CONCLUSION

Débutant dans cette carrière de l'agriculture qui me paraît si hérissée de difficultés, ce n'est pas sans une certaine crainte que je vous présente, Messieurs les Délégués de la Société des Agriculteurs de France, le résultat de mes recherches, de mes combinaisons agricoles.

Que tous ceux qui daigneront jeter les yeux sur cette modeste ébauche veuillent se rappeler que ces pages ont été écrites par un tout jeune débutant et qu'elles ne sont l'œuvre d'un de ces hommes éminents pour qui la science de l'agriculture n'a rien de caché.

Qu'il me soit pourtant permis, Messieurs, d'espérer de vous une critique bienveillante.

Si votre sentence indulgente est favorable aux idées que j'émets, le principal mérite en reviendra à ceux qui m'ont fait aimer l'agriculture et me l'ont enseignée, c'est-à-dire aux maîtres vénérés et dévoués de l'Institut de Beauvais.

Avant de terminer ce travail, qu'il me soit permis d'exprimer ma sincère et profonde reconnaissance à mes parents bien aimés, qui, après avoir dirigé mes premiers pas avec tant de sollicitude m'ont permis d'embrasser la carrière agricole.

Je ne peux également finir sans rendre hommage à cet

agriculteur distingué qui dirige avec tant de prudence
et de sagesse ce vaste domaine ; ses compatriotes furent
heureux de l'entendre nommer chevalier du Mérite agricole en septembre 1895 ; ce n'était que justice. La même
année, le premier prix de cheptel lui fut décerné au comice agricole de l'arrondissement de Clamecy, tenu à
Tannay.

Enfin à l'Assemblée générale des membres de ce
Comice, tenue à Clamecy, le 7 juin 1896, M. Michel à
l'unanimité, a été nommé vice-président du Comice
agricole de cet arrondissement.

Je remercie de tout cœur M. P. Michel de m'avoir permis de prendre son exploitation comme objet de cette
étude et je fais des vœux pour la prospérité de cet émi-
nent praticien en agriculture, père de seize enfants qu'il
sait si bien élever dans l'amour du devoir envers la famille, la patrie et la religion.

APPENDICE

FAISANT PARTIE INTÉGRANTE DE LA THÉSE QUI PRÉCÈDE

ET LA COMPLÉTANT

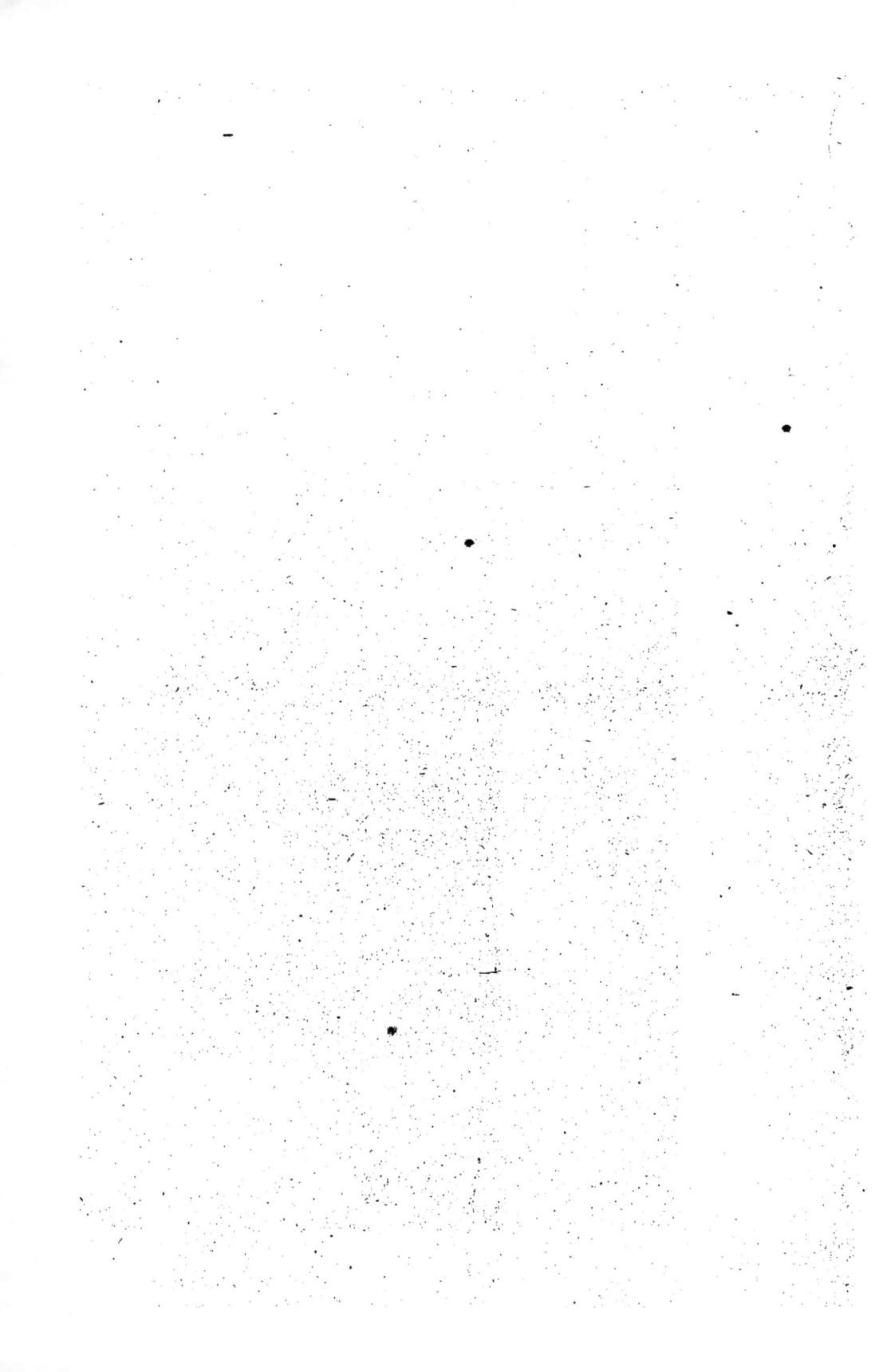

RAPPORT

SUR LA

FERME DE L'ALLEMANDE

CANTON DE TANNAY (Nièvre)

PRÉSENTÉ

A la Société des Anciens Élèves de Beauvais

Le 15 Janvier 1896

PAR

HENRI BEAUCHET

———— ⊢✳⊣ ————

CE TRAVAIL A MÉRITÉ A L'AUTEUR UNE MÉDAILLE D'ARGENT

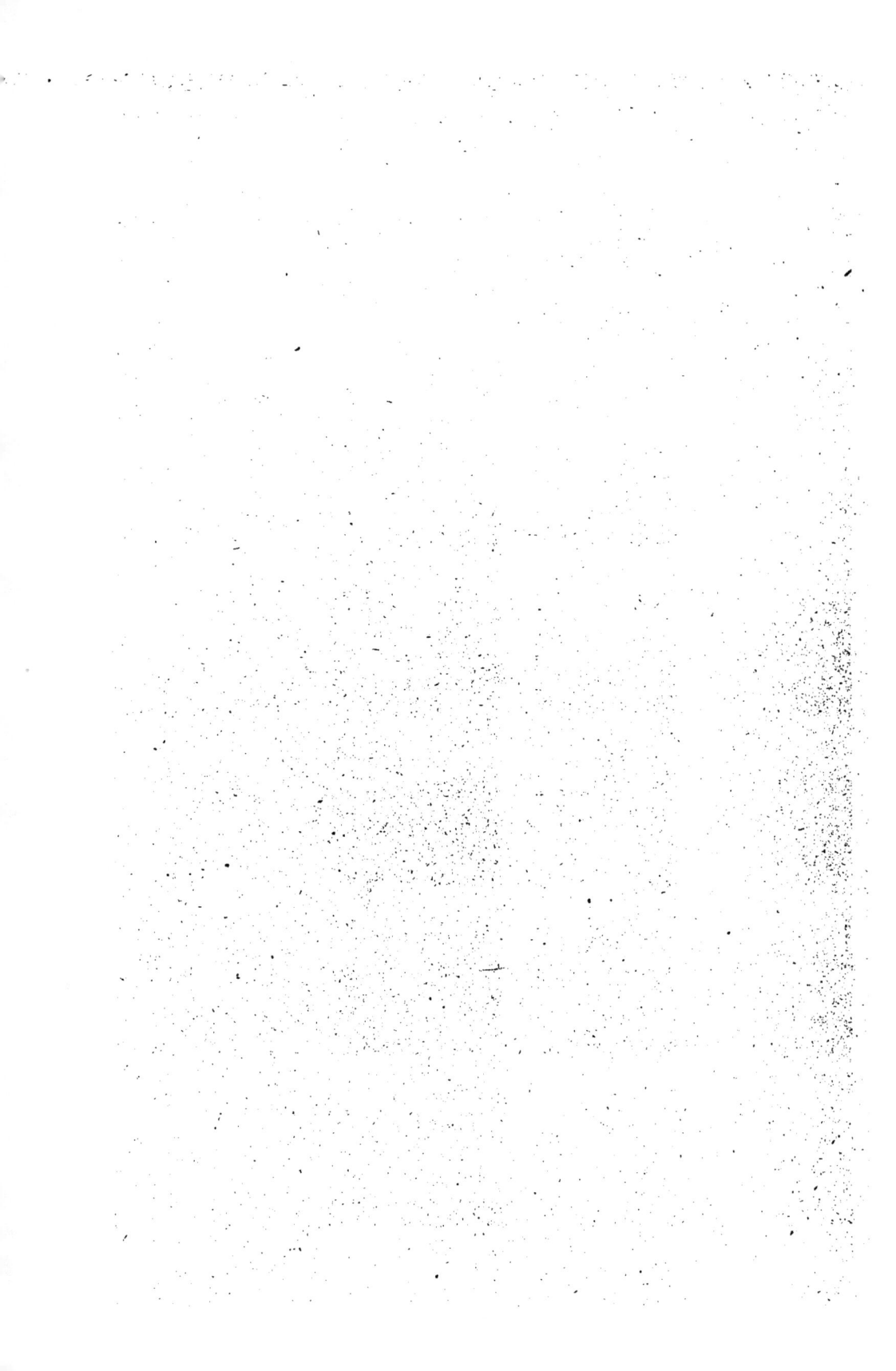

LES PRAIRIES EN NIVERNAIS

FERME DE L'ALLEMANDE

PREMIÈRE PARTIE

CHAPITRE Ier

Ferme de l'Allemande $\left\{\begin{array}{l}\text{Historique.}\\\text{Description.}\\\text{Division.}\end{array}\right.$

CHAPITRE II

Conditions climatologiques pour la production de l'herbe.

CHAPITRE III

Création d'une prairie en Nivernais $\left\{\begin{array}{l}\text{Description.}\\\text{Valeur.}\\\text{Epuisement.}\\\text{Entretien.}\\\text{Clôtures.}\end{array}\right.$

DEUXIÈME PARTIE

Espèces animales vivant dans ces prairies

CHAPITRE IV

Race chevaline Nivernaise. Elevage.

CHAPITRE V

Race bovine Nivernaise $\left\{\begin{array}{l}\text{Elevage}\\\text{Engraissement}\end{array}\right\}$ $\left.\begin{array}{l}\text{à la ferme}\\\text{de l'Allemande}\end{array}\right.$

CHAPITRE VI

Comptabilité.

LES PRAIRIES EN NIVERNAIS

PREMIÈRE PARTIE

CHAPITRE I

FERME DE L'ALLEMANDE

1º Historique

Voir plus haut page 27

2º Description

Voir page. 29

3º Division

La ferme de l'Allemande a une étendue de 406 hectares 1/2, ainsi distribués :

128 hectares		en terres labourables,
274	»	en *prairies naturelles,*
1	»	1/2 en verger et jardin,
2	»	1/2 en cours et bâtiments,
0	»	1/2 en vigne.

Un assolement de quatre ans y est suivi par les terres labourables. Je ne fais que l'énumérer, les prairies devant constituer le rapport proprement dit :

1re Sole	Betteraves sucrières	19		
	» fourragères	4 1/2		
	Carottes	3 1/2		
	Pommes de terre	2 1/2	30 hect.	
2e Sole	Blé		30 »	
3e Sole	Trèfle		30 »	
4e Sole	Avoine	27		
	Orge	3	30 »	
Hors Sole	Luzerne		8 »	

TOTAL   128   hect.

Cet assolement ne produit que pour les substances données aux animaux l'hiver, sauf les betteraves sucrières et le blé, les prairies naturelles peuvent se diviser ainsi :

152 hectares pour l'engraissement des bœufs et l'élevage des poulains.

102 hectares pour les animaux de travail, de rente, et d'élevage de la ferme.

20 hectares sont sous-loués depuis quelques années.

soit 274 hectares en prairies naturelles.

Cette distribution des prairies peut varier d'une année à l'autre. Selon la température plus ou moins favorable, on réduit alors l'engraissement.

Le tableau suivant dénombre le cheptel vivant et fait connaître le temps qu'il passe sur le domaine, avec le mode d'alimentation.

TABLEAU

*indiquant la nature du cheptel vivant, son mode
d'alimentation et le temps passé sur le domaine*

ESPÈCE	NOMBRE d'animaux	TEMPS à l'étable	TEMPS à l'herbage	OBSERVATIONS
Ane	1	6 mois	6 mois	animal de travail
Chevaux	15	7 »	5 »	animaux de travail
Poulains	25	3 »	9 »	an. d'élevage (6 à 18 mois)
Vaches	40	4 »	8 »	animaux de rente
Taureau	1	4 »	8 »	animal de rente
Veaux	34	3 »	9 »	an. d'élevage (6 à 18 mois)
Génisses	34	3 »	9 »	an. d'élevage (18 à 32 mois)
Bœufs	14	3 »	1 »	an. d'élevage (32 à 36 mois)
Bœufs de travail	24		8 »	prennent 1 repas à l'étable les jours de travail.
Moutons	300	3 »		engraissement
Porcs	6	12 »		animaux de rente
Bœufs et vaches	155		4 »	Engraissement {1re saison
id.	120		4 »	{2e saison

CHAPITRE II

CONDITIONS CLIMATOLOGIQUES
POUR LA PRODUCTION DE L'HERBE

A prairie naturelle est une surface qui, sans l'intervention directe et constante de l'homme, produit naturellement l'herbe. Cette production se fait spontanément sur des terrains frais et fertiles, souvent submersibles par le voisinage d'un cours d'eau, offrant aux plantes herbacées des conditions contraires au développement des végétaux ligneux.

La production de l'herbe, sous le rapport de l'abondance et de la qualité est soumise à de nombreuses conditions dont les principales sont le *climat* et le *sol*.

1º Climat

La pousse continue de l'herbage n'a lieu que dans le pays où le climat est constamment humide, l'atmosphère généralement chargée de vapeurs aqueuses, les pluies assez régulières, fréquentes, mais peu abondantes pendant toute l'année. Il n'y faut pas de gelées l'hiver, pas de sécheresses l'été, mais un ciel nébuleux et un petit nombre de jours de soleil ; encore arrive-t-il que la production herbacée d'hiver est faible.

9

Ces terrains privilégiés, nombreux aux Iles Britanniques, se rencontrent en France dans les pays Bretons et Normands. Les conditions climatologiques du Nivernais sont loin d'être telles; les écarts de température nous privent une partie de l'hiver d'utiliser nos herbages. Suivant les années, les animaux sont nourris exclusivement à l'étable pendant deux, trois et disons-le, certaines années, un peu plus de trois mois.

2º Sol

Mais si de ce côté, le Nivernais se trouve mal partagé les conditions de son sol en font un pays de choix. Les alluvions jurassiques, heureusement composées d'argile, de silice et pour certaines régions de calcaire, sont suffisamment fraîches et perméables en toute saison, pour constituer la base des herbage les plus renommés du pays. Nulle part, en effet, les bœufs n'engraissent mieux que dans les herbages du Nivernais. En Nivernais, les meilleures herbes des régions jurassiques résultent des roches calcaires meubles, sous forme d'alluvions; pour d'autres contrées ces derniers éléments sont remplacés par des débris détritiques. L'influence jurassique se reconnaît également sur les animaux d'élevage.

Dans les vallées et sur les pentes douces avoisinant les cours d'eau se rencontrent surtout les belles embouches entourées de haies formées d'épine, de coudrier ou de charme. Çà et là, dans ces buissons et au milieu des prés sont plantés des chênes, des ormes, des saules, exploités en têtards, et d'autres arbres encore qui fournissent pendant leur croissance, le bois de chauffage à la ferme.

CHAPITRE III

CREATION D'UNE PRAIRIE (EN NIVERNAIS)

1º Description

ous connaissons le climat et le sol, ne nous reste-t-il plus qu'à semer ?

Non. Il nous faut encore savoir si la prairie sera fauchée ou pâturée, connaître l'espèce animale qui y sera entretenue et faire un choix judicieux des graines.

Donc, pour une même région, suivant les conditions propres où il se trouve, le cultivateur peut donc faire subir une légère différence dans la création d'une prairie.

Le sol qui doit recevoir le plus souvent une prairie est un bois. On le défonce afin d'en débarrasser les troncs et les racines des arbres qui y croissaient. La première année, après défriches suivant la région, la terre porte un sarrasin ou une plante saclée; certains cultivateurs, encore guidés par les anciennes méthodes, ensemencent la prairie sitôt le défoncement, mais c'est à tort, car tous les acides contenus alors dans le sol empêchent toute germination.

Voici la formule d'ensemencement préconisée par M. Chomard pour les prés de pàture et d'embouchure :

Semence par hectare :

Ray-grass anglais. . . . . . . 10 kilog.
Pâturin des prés. . . . . . . .10 —
Fétuque des prés. . . . . . . 10 —
Fléole . . . . 10 —
Trèfle blanc . . . . 10 —

Pour les prés fauchés, la formule précédente d'ensemencement subit de grandes modifications et elle reste vraie si le fauchage n'est qu'accidentel, comme en temps de disette ou pour nettoyer certaines places de rebut. Je ne donnerai pas la composition détaillée de l'herbe que nous rencontrons dans les prés d'embouches, car d'un pré à l'autre, sur un territoire voisin, il y a toujours une faible différence ; voici donc la composition générale :

Graminées (réparties régulièrement) . . 5/10
Légumineuses. 4/10
Plantes diverses 1/10

Cette composition est celle moyenne des prairies de la ferme de l'Allemande.

2e Valeur

On juge d'un sol par les produits qu'on en retire ; on tire la valeur d'une prairie du plus ou moins grand nombre d'animaux engraissés dans un espace donné.

Grâce à la fertilité naturelle du sol et à l'élément calcaire qu'il contient naturellement ou artificiellement et dans une proportion convenable, on engraisse sur ces herbages jusqu'à deux bœufs à l'hectare ; comme les prés sont chargés deux fois dans l'année, on engraisse donc par saison trois bœufs à trois bœufs et demi ; le second chargement ayant toujours un effectif moins fort de bétail que le premier. .

Par ce système de culture on gagne beaucoup plus que par la production des céréales et des fourrages artificiels.

Aussi, depuis 1830 surtout, s'y est-on adonné et partout où le terrain le permettait a-t-on créé des pâtures. L'affermage des prairies varie beaucoup ; cependant, pour les prés dit d'embouche la location est-elle de 150 à 180 fr. et il n'est pas rare d'en voir certains atteindre 200 et 250 fr. l'hectare ; les prés de l'Allemande ont bien une valeur d'au moins 150 fr., mais si en réalité ils sont estimés moins, c'est que la ferme est louée en bloc, sans aucune distinction de la nature des terres, qu'elles soient en cultures ou en prairies.

Valeur nutritive du fourrage

Voici une analyse du foin nivernais faite par MM. Müntz et A.-Ch. Girard :

Azote	8.28	pour 100
Matières grasses.	2.24	—
Amidon et cellulose (sacchorifiable).	15.05	—
Glucose	1.32	—
Cellulose brute.	16.84	—
Matières carbonées.	33.11	—
Cendres	7.16	—
Eau.	16.00	—
Chlorure de sodium	0.395	—

Nous remarquons que les quatre éléments les plus

nécessaires à l'alimentation s'y trouvent abondamment :
les principes

> Hydrocarbonés,
> Protéiques,
> Gras,
> Minéraux.

D'après ces mêmes chimistes, sur douze échantillons
de foin de provenances différentes, tant d'après la composition chimique que par l'odeur et l'aspect, le foin de
la Nièvre a été classé en première ligne.

3e Epuisement

Evidemment le pâturage fatigue moins un herbage
que le fauchage. Les déjections solides et liquides des
animaux restituent au sol une part notable des éléments
absorbés. Et puis, sans aucun doute, une bête à l'engrais
épuise moins qu'une laitière. Enfin, savoir proportionner
les têtes de bétail avec le plus ou moins d'abondance
n'est pas non plus sans importance. S'il y a trop de bêtes,
elles se nourrissent mal et fatiguent l'herbage. Si c'est le
contraire, l'herbe est mal broutée et gaspillée. Au début
du printemps, il serait imprudent de trop charger la
prairie, car s'il survenait une sécheresse, la spéculation
de l'engraissement et de l'élevage serait gravement com-
promise. Cependant, c'est un fait d'expérience, une
plante, pour produire ses premiers mérithalles, demande
moins de principes et plus pour ses derniers. Comme
résultat, on doit la couper le plus souvent possible. Elle
demande ainsi moins de temps et d'engrais et elle est
plus nutritive : pour cela, il convient de charger suffisamment les embouches et, certes, nous l'avons pu

constater à la ferme de l'Allemande. Les pâtures s'éten-
dent sur une surface de 20 à 30 hectares et plus (celle
dite de l'Allemande a 35 hectares); les troupeaux se
plaisent et prospèrent dans ces grands espaces et la
surveillance y est facile.

Du reste, disons-le en terminant, l'azote, le principal
élément, est fourni en grande partie par l'air, et de plus
le sol renferme en humus 7.2 à 9 o/o d'après l'analyse
chimique.

4º Entretien

L'entretien des prairies au domaine de l'Allemande
est simple et peu coûteux. Comme elles manquent un
peu de calcaire, on leur en a donné par la chaux prise
sur l'exploitation. Et, depuis quelques années, on y ajoute
des scories de déphosphoration. En dernier lieu, on a eu
l'heureuse idée d'associer des poulains aux bêtes bovines
dans des proportions recommandables, un poulain par
huit bœufs environ. Ce qui contribue encore à cet entretien en débarrassant les prairies, des plantes dédai-
gnées, par l'espèce bovine. Enfin, on ne néglige pas de
faucher les rebuts.

L'entretien consiste encore dans la conservation des
clôtures, le curage des abreuvoirs et fossés, et l'arrachage
des arbres morts.

Ce serait parfait si à cela l'on ajoutait l'épandage des
bouses et l'enlèvement de feuilles mortes.

5º Clôtures

A la ferme, comme du reste dans la plupart des fermes du Nivernais, les 9/10 des clôtures sont en haies

vives, le reste en murs de pierres sèches ou en clôtures de fil de fer. Les haies vives remplaceront avantageusement les deux premiers genres. En effet, les clôtures en pierres sèches ont l'inconvénient d'être quelquefois renversées, et comme le fil de fer, ils ne sont pas une barrière suffisante pour isoler les animaux.

Les haies vives sont faites non d'aubépine, mais en majeure partie d'épine noire, autrement dit de prunellier ; le couchage des brins donne un bois peu altérable à l'air, résistant des années entières à l'action de l'atmosphère et de l'humidité. Avec ces essences, tout passage est rendu impossible dans le pied de la haie. Ni chiens. ni volailles ne peuvent y faire leurs courses vagabondes, et les animaux y jouissent d'une grande tranquilité, ce qui est très favorable à l'engraissement. De plus, on a soin que ces clôtures vives soient hautes et épaisses, ce qui empêche les habitants d'un herbage d'être agacés ou tourmentés par les peuplades voisines.

Dans les prés il y a peu d'arbres, et encore ceux qui s'y trouvent sont-ils de trop, car grâce à l'absence complète d'arbres, les animaux ne pouvant se soustraire aux rayons du soleil, n'ont pas de place préférée et de plus ces animaux profitent mieux.

Dans les herbages il y a en général plusieurs abreuvoirs par prés ; certains près même se trouvent le long d'un cours d'eau, (l'Yonne.) Tous les frais d'entretien de l'herbage et de clôture sont donnés sur le chapitre comptabilité.

SECONDE PARTIE

ESPÈCES ANIMALES VIVANT DANS CES PRAIRIES

CHAPITRE IV

Iᵒ Race chevaline nivernaise

VANT le développement de la race bovine charolaise dans le département, l'élevage du cheval
y avait de l'importance et la réputation du
cheval du Morvan s'étendait au loin. Elevés en pleine
liberté, même pendant l'hiver, au milieu des neiges, ils
offraient au commerce local des sujets pleins d'énergie
et de résistance ; mais les animaux parfaits étaient rares ;
il en résultait des pertes considérables. Plus tard, l'élevage du cheval pratiqué d'une manière plus rationnelle
se concentre presque exclusivement sur la race percheronne, qui prend une large part aux travaux de la ferme
et se trouve en rapport avec les besoins actuels de force
et de locomotion rapide. Mais, vers 1860, la Société de
la Nièvre voulut fonder une nouvelle race nivernaise

issue de croisements ; la tâche était rude ; l'énergie de certains hommes surmonta les difficultés et actuellement la race nivernaise, à robe noire lustrée, se crée une large place parmi nos meilleures races chevalines. Pour encourager les éleveurs et améliorer la race, la Société a créé un stud-book et établi chaque année un concours en automne, pour les poulains de six mois accompagnés de leur mère et pour les poulains de dix-huit mois ; ces animaux reçoivent des primes en argent, il en est ainsi pour les pouliches et les juments.

Voici un extrait des principaux articles du réglement de la Société pour être admis à concourir : « Pour les « poulains de six mois, il est dit que la prime n'est « payée que s'ils sont représentés au concours de l'année « suivante. Pour les poulains de dix-huit mois, il est « ordonné de les conserver pour les présenter à Nevers, « à l'âge de trois ans, au concours d'hiver des étalons « organisé par la Société d'agriculture, lesquels ne « devront servir qu'aux juments classées.

« Pour les juments et pouliches, il est dit : Ces ani-« maux exposés seront classés comme aptes à la repro-« duction ; les pouliches devront être âgées de trente « mois et avoir une taille proportionnée à celle exigée « des juments ; les animaux classés seront saillis gra-« tuitement par les étalons approuvés et payés par la « Société d'agriculture.

« Chaque jument classée sera marquée d'un numéro « et inscrite au Stud-Book avec son nom et son signa-« lement. »

Comme conditions générales, il est dit : « Que les « animaux aient la robe parfaitement noire ; que les bêtes « chevalines ne soient atteintes d'aucunes tares hérédi-« taires ; les animaux du département sont seuls admis. »

L'élevage de l'espèce chevaline à la ferme de l'Allemande est simple; chaque année, il nait dans la ferme
cinq ou six poulains au printemps, ces animaux restent
avec leur mère. A l'automne, le directeur achète à des
particuliers ou aux foires une vingtaine de poulains de
six mois environ : il les paye en moyenne 350 fr.; le tout
forme un lot de 25 têtes. Ces poulains passent les trois
mois d'hiver à l'herbage ou à l'écurie, suivant la température; en mars, ils sont mis dans les prés d'embouche
avec les bœufs que l'on a achetés pour le premier chargement des herbages. Dans chaque pâture, on met en
moyenne un poulain pour huit bœufs. L'hiver, ces
jeunes bêtes reçoivent à l'écurie :

Carotte. . . .	10^k, soit. . . .	0 20
Luzerne . . .	6^k, soit. . . .	0 30
Paille	8^k, soit. . . .	0 29

soit en moyenne pour 0 79 c. par jour.

Ces jeunes chevaux sont vendus à dix-huit mois à des
marchands venant dans le courant de septembre et
d'octobre; s'ils ne sont pas tous vendus, ce qu'il en reste
est mené aux marchés voisins, particulièrement le
25 novembre à Tannay, où de nombreux acheteurs
locaux et étrangers se trouvent réunis.

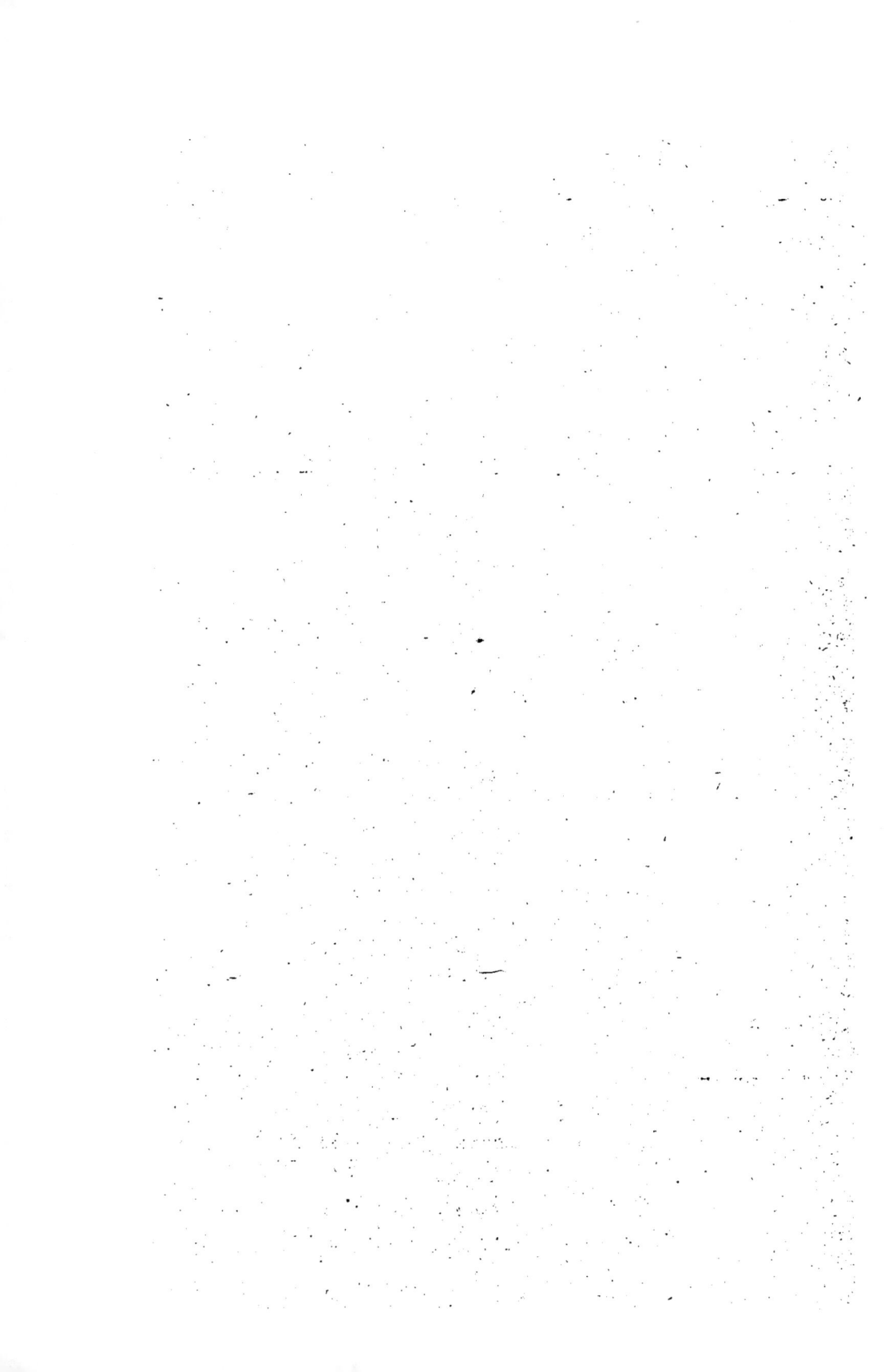

CHAPITRE V

RACE BOVINE NIVERNAISE

1re Généralité

'ESPÈCE bovine présente dans la Nièvre une importance considérable, et forme aujourd'hui l'une des branches les plus productives de sa culture; à ce titre elle mérite une mention spéciale.

Dès les temps les plus reculés, le département possédait une race distincte; celle du Morvan, dont les produits couvraient toute la partie montagneuse du pays; bien qu'elle ne fut ni laitière, ni apte à l'engraissement, elle avait sa raison d'être par son extrême rusticité et une aptitude sans égale pour le travail et les charrois; les autres parties du pays se recrutaient de Salers, de Limousins et de sujets de race mélangées qu'on ne retrouve plus aujourd'hui. Mais, en face de nombreux besoins, de la consommation surtout les bêtes de la plaine et la race du Morvan devaient disparaitre. Celle de Saône-et-Loire, suffisamment travailleuse et très propre à la boucherie fut introduite vers 1770 et couvrit bientôt toute la surface du département.

A cette époque un des membres de la famille Mathieu d'Oyé, quitta le Charolais et alla inaugurer entre Nevers et Decize, à la ferme d'Anlezy, le système d'exploitation de son pays, c'est-à-dire la conversion des cultures ou herbages, transformation très avantageuse dans ces régions à sol froid et compacte, difficile à labourer et peu productif.

Pour tirer parti de la nouvelle végétation, le bétail charolais était tout indiqué. Le bétail blanc élimina le bétail tacheté du Morvan ainsi que les autres races étrangères établies dans ce pays. Les résultats obtenus par Mathieu d'Oyé, furent si avantageux, qu'il fut imité par ses compatriotes venus dans le Nivernais et aussi par les agriculteurs de la région. L'émulation s'empara des éleveurs qui rivalisèrent entr'eux pour avoir le meilleur bétail, la meilleure souche de reproducteurs.

La race du Morvan se maintint quelque temps cependant dans l'arrondissement de Clamecy, où sa présence était rendue presque nécessaire par le transport des bois : actuellement elle se rencontre sur les crêtes de quelques montagnes granitiques. La race charolaise croisée d'abord avec celles qui se trouvaient en possession du pays, s'est épurée successivement et transformée en un type particulier, qui fournit au travail une somme de forces fort appréciable tout en procurant à l'engraissement et à la boucherie des avantages longtemps inconnus ; elle possède plus qu'aucune autre, la faculté de grossir à l'herbage et de s'engraisser jeune avec un développement considérable de muscles. Ces résultats sont dûs, d'une part, à un choix spécial et judicieux des reproducteurs, et de l'autre, à l'importation fréquente du taureau Charolais, à l'origine de l'introduction. Mais, ce qui paraît le plus contribuer à donner à la race nivernaise ce type qu'elle possède actuellement chez les bons éleveurs, c'est le mélange qui en a été fait avec la race anglaise de Durham dans la proportion d'un huitième à un quart de sang, quoi qu'en disent les fanatiques de sa pureté quand même.

En effet, la race Durham fut introduite dans la Nièvre dès 1822 par M. Brière, d'Azy. Elle eut peu de succès et ne fut pas maintenue; mais, plus tard, le comte de Bouillé, en 1826, l'introduisit à nouveau et avec grand succès; il est notoire que des croisements furent faits dès l'origine de ces importations; il est notoire également que des taureaux Durham provenant des vacheries de l'Etat, établies à Alfort et au Pin, dès 1836, furent importés dans le pays par des particuliers et par les soins de la Société d'Agriculture de Nevers.

D'autre part, l'administration supérieure de l'agriculture, dans le but de favoriser ces opérations, fonda en 1844, à la Ferme-Ecole de Poussery, une vacherie de Durham, où vinrent puiser quelques éleveurs; bon nombre de reproducteurs furent également fournis au département par M, le marquis de Bouillé et MM. Montrichard et Tachard, ce dernier du département du Cher.

Quoi qu'il en soit de cette question du croisement, qui parait manifeste aux yeux exercés, bien qu'il soit nié très haut et avoué très bas par la plupart des éleveurs, la race nivernaise est arrivée à un degré d'amélioration tel que la Société d'Agriculture a cru devoir, vers la fin de 1863, établir, à l'instar du Herd-Book anglais, un registre généalogique destiné à l'inscription des sujets les plus distingués de la race.

Donc, pour bien préciser tout ce qui précède, il faut établir deux périodes distinctes dans l'élude de cette race nivernaise: la première, antérieure à 1830, où les races Nivernaise et Charolaise restent pures ou croisées entre elles, et la seconde période, postérieure à cette époque, où ces races reçoivent de plusieurs éleveurs un sang étranger, celui du Durham.

Pour encourager l'élevage de cette race, la Société d'Agriculture a encore établi deux concours par an : l'un dans le courant de février, pour les animaux gras et reproducteurs, et le second en septembre, pour les génisses et vaches laitières de la race Nivernaise-Charolaise ; c'est à ce dernier concours que sont choisis les animaux dignes d'être inscrits au Herd-Book de la race Nivernaise-Charolaise. Le concours de février se tient généralement une huitaine après celui de Moulins et le même laps de temps avant celui de Paris.

Au concours général de Paris de 1895, sur 260 bêtes présentées comme animaux gras, 49 sortaient du Nivernais; il y en eut 35 de primées, qui reçurent 11,300 fr., la totalité des primes était de 40,000 fr. ; le département de la Nièvre arrivait de beaucoup en première ligne.

2o Élevage à la ferme de l'Allemande

L'élevage des bovins se fait simplement. Le veau naît au printemps ; il reste à l'herbage avec la mère et se nourrit de lait aussi abondamment et aussi longtemps que la mère peut en fournir. Ce n'est guère qu'entre le cinquième et le sixième mois qu'il est séparé de sa mère. Les vaches sont d'un choix irréprochable et le taureau qui les sert est renouvelé tous les deux ans.

Sur les animaux qui naissent chaque année, six en moyenne sont vendus à des prix très rémunérateurs, au sevrage comme veaux reproducteurs. L'hiver, les animaux reçoivent une ration d'entretien ; les génisses, au nombre de vingt, sont vendues à trente mois comme bêtes suitées ; on se réserve deux taureaux qui, en mars suivant, ont quarante mois. Ils sont placés dans les embouches des vaches mises à l'engrais ; les douze autres ont été châtrés. Ils sont dressés et vendus ensuite comme bœufs de travail.

L'objet de ce paragraphe ne rentre pas directement dans notre travail ; cependant, nous n'avons pas jugé hors de propos d'en dire un mot en passant.

3° Engraissement à la ferme de l'Allemande

A la ferme de l'Allemande on engraisse des bœufs et un certain nombre de vaches. Les animaux, dès le courant de mars, sont achetés sur les foires à l'âge de cinq à six ans et amenés dans les embouches. Chaque année voit engraisser en moyenne huit vaches de la ferme que remplacent de jeunes bêtes. Les bœufs et les vaches de cinq ans sont les plus estimés. Tous ces animaux sont placés dans les embouches, où ils pâturent le jour et la nuit, surveillés de temps en temps, afin qu'aucun d'eux ne s'échappe. A mesure que l'herbe devient plus abondante on augmente le nombre des animaux placés dans chaque embouche. Pendant la première partie du printemps, les brouillards qui se produisent toutes les nuits dans les pâtures de la vallée sont très nuisibles à la santé des animaux ; mais ceux-ci, par instinct, ont l'habitude, dès le soir, de monter sur la partie la plus élevée du pré, où ils se rangent en cercle sous un arbre (quand il s'en trouve).

C'est en mai et en juin que l'engraissement devient très rapide ; l'herbe a acquis, à cette période du prin-

10

temps, ses meilleures qualités. Il ne faut, en temps ordinaire que cent à cent dix jours pour engraisser un bœuf. Paris est le grand débouché des bœufs gras.

Du 20 au 25 juin, les premières bandes de bœufs partent par les voies ferrées, sous la conduite d'hommes appelés toucheurs. C'est vers le 20 juin également que l'on redouble les achats.

M. Michel, comme les autres engraisseurs, expédie le mercredi et surtout le dimanche. Lorsqu'il ne peut faire un vagon complet, il s'arrange avec un autre cultivateur voisin qui le complète.

CHAPITRE VI

COMPTABILITÉ

Rien n'est plus simple que cette comptabilité. Ayant vu très rapidement le cycle des opérations de l'élevage des poulains et de l'engraissement des bovidés, il ne nous reste plus qu'à balancer le DÉBIT et le CRÉDIT.

DÉBIT		CRÉDIT	
Location du sol 87 fr. 25 + 24 fr. 75 pour entretien et amendement soit 112 fr. l'hectare et pour 152 h. 152 × 112 fr. . . .	17024 »	Valeur de 70.000 kil. de fumier fournit pendant l'hiver à 8 fr. les 1.000 k.	560 »
Valeur de 25 poulains achetés à 6 mois à 350 fr. l'un	8750 »	Vente de 25 poulains à 750 fr. l'un. . .	18750 »
Nourriture pendant l'hiver à 0 fr. 79 par tête et par jour soit 0 fr. 79 × 90 × 25 .	1777 50	Vente de 275 bœufs ou vaches à 650 fr. l'un	178750 »
Frais d'achat et de vente des poulains en moyenne 15 f. par tête	375 »	TOTAL.	198060 »
Gages des domestiques et intérêt du matériel.	180 60		
Intérêt des animaux à 5 %, risques et pertes à 12 %	1487 50	TOTAL du crédit. . 198.060 fr. »	
Achat de 275 bœufs ou vaches à 525 l'un en moyenne.	144375 »	TOTAL du débit . . 183.388 35	
Frais d'achat et de vente 22 fr. par tête .	6050 »	BÉNÉFICE. . . 14.671 fr. 65	
Intérêts à 5 % des animaux et 2 % des risques et pertes ;	3368 75	Soit à l'hect. : $\dfrac{14.671 \text{ fr. } 65}{152} = 96$ fr. 50	
TOTAL.	183388 35	Soit par animal : $\dfrac{14.671 \text{ fr. } 65}{300} = 48$ fr. 90	

En moyenne le bénéfice est un peu moins fort, car les prés d'embouche se louent en général 130 à 150 fr. l'hectare et même plus.

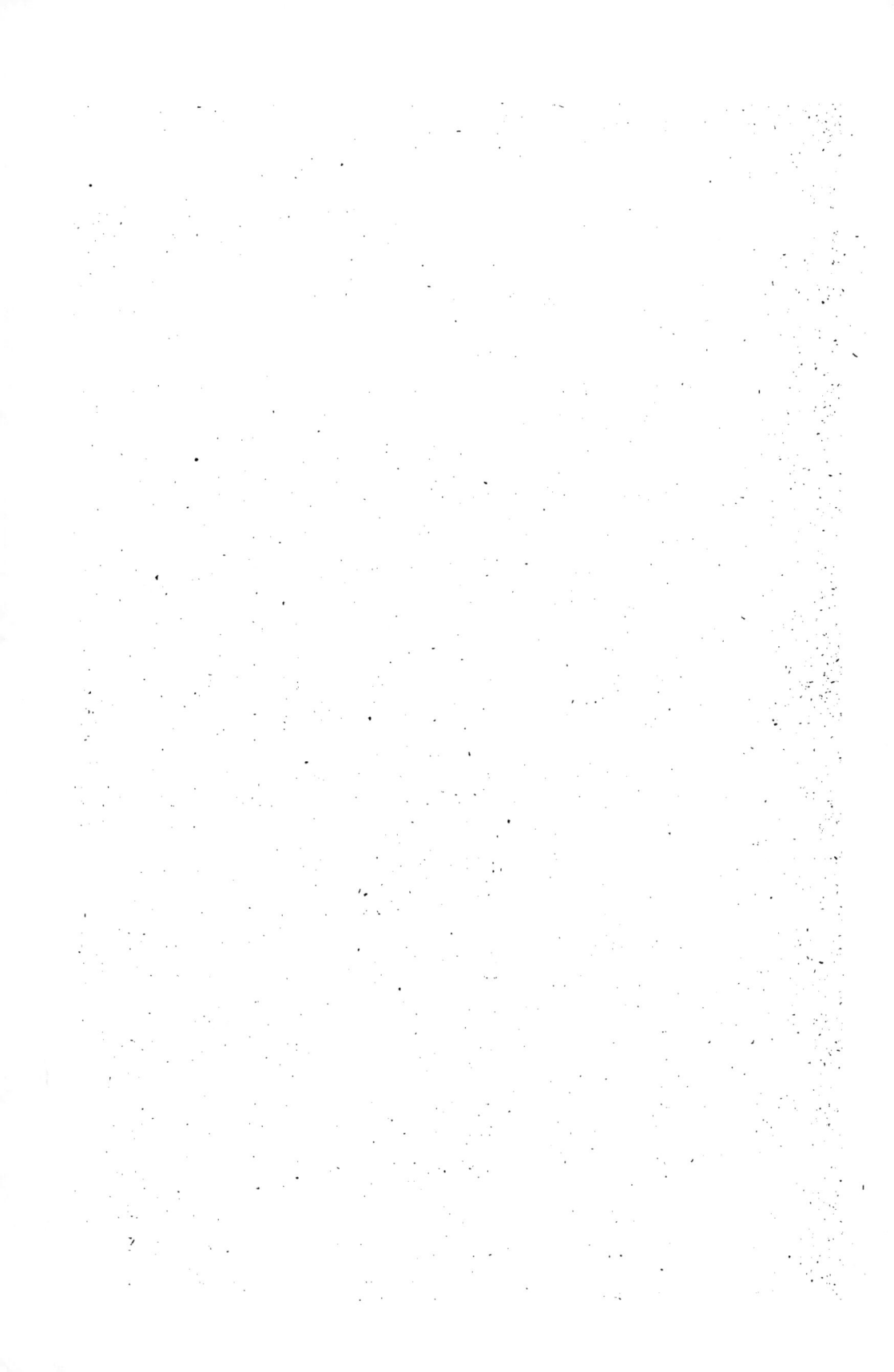

CONCLUSION

Je viens déposer ce travail incomplet sans doute, entre
les mains de MM. les Membres de la Commission des
Monographies, mes Juges, je dis même mes aînés. J'ai à
implorer votre indulgence, Messieurs; vous le savez d'a-
vance, c'est le labeur d'un commençant.

J'ai à remercier en terminant, M. Michel, pour tous
les renseignements qu'il a bien voulu me procurer ; agro-
nome distingué, il fit usage, l'un des premiers, dans le
Nivernais, des engrais chimiques; agriculteur praticien
remarquable, il fut toujours en quête des améliorations
de quelque genre que ce soit; ainsi, depuis trois ans, il
fit avec succès la culture de la betterave sucrière, plante
encore étrangère au pays, et dès l'été prochain son domaine se trouvera doté d'une moissonneuse-lieuse.

Que M. Michel reçoive l'expression des sentiments de
gratitude de celui qui essayera de marcher sur ses traces.
Il est de mon devoir, de dire ici, toute la reconnaissance
que je dois au corps enseignant de cet Institut, pour le
dévouement sans bornes qu'il prodigue sans cesse aux
jeunes hommes qui viennent puiser à Beauvais la science
agricole unie d'une manière si intime à la Religion.

La protection que vous donnez à cette maison dont
vous fûtes, Messieurs, les heureux et brillants lauréats ;

le droit chemin que vous y avez tracé, la voie modeste,
mais sûre que vous avez suivie; les encouragements que
vous nous envoyez par l'intermédiaire de votre président
que je me plais à nommer et à vénérer : M. Blanchemain,
tout cela, Messieurs, a été pour moi un puissant auxi-
liaire dans la composition et la rédaction de ce trop faible rapport.

Henri BEAUCHET

Membre de la Société des Agriculteurs de France

TABLE DES MATIÈRES

Nevers, Imp. Cath. L. CLOIX, rue Ferdinand-Gambon, 9.